Udo Paulitz

Feuerwehr-Oldtimer

Fahrzeuggeschichte
in Bildern

Udo Paulitz

FEUERWEHR-OLDTIMER

Fahrzeuggeschichte in Bildern

EFB -Verlag

Hanau · Germany · Allemagne

CIP-Kurztitelaufnahme der Deutschen Bibliothek

Paulitz, Udo:
Feuerwehr-Oldtimer: Fahrzeuggeschichte in Bildern/
Udo Paulitz. — 1. Aufl. — Hanau:
EFB-Verlag, 1987.
ISBN 3-88776-035-2

1. Auflage 1987

Gesamtherstellung: Druckerei Haus GmbH, Hanau
Printed in Germany
ISBN 3-88776-035-2

Inhalt

Bild Nr. 1: Austro-Daimler ADGR TLF 2000 Eigenumbau 1600 l-Pumpe 60, PS/3915 ccm 7750 kg Gesamtgewicht, Bj. 1940

Bild Nr. 2: Studebaker TLF 16 2000 l-Wassertank Eigenumbau, Bj. 1943

Vorwort

Mit dem vorliegenden Bildband, der sich ganz bewußt nur auf Feuerwehrfahrzeuge, die bis zum Beginn der 60er Jahre gebaut wurden, beschränkt, soll den vielfältigen Fahrzeugtypen dieser Epoche ein Denkmal gesetzt werden. Obwohl es schon manche Veröffentlichungen über das weite Gebiet des Feuerwehrfahrzeugwesens gibt, fehlte bislang eine umfassende Darstellung dieses Themenkreises. Dieser Bildband versucht, die wichtigsten Bauformen des Zeitraums von Beginn der Motorisierung bei den Feuerwehren bis ungefähr zum Ende der Produktion der Haubenfahrzeuge in Wort und Bild darzustellen. Dabei beschränkt sich die Bildauswahl nicht nur auf die reinen Standardmodelle der Feuerwehrfahrzeuge, sondern es werden auch viele Sonder- und Einzelanfertigungen und nicht zuletzt Eigenumbauten der Feuerwehren, die besonders die Modellbauer unter den Lesern zu Umbauaktivitäten anregen dürften, vorgestellt.

Fahrzeuge aus dem grenznahen Ausland — überwiegend auf deutschen Fahrgestellen — aber auch ausländische Fabrikate, die bei deutschen Wehren im Dienst standen, kommen im Bild „zu Wort". Gerade über diese Fahrzeuge ist bisher wenig in der Literatur zu finden.

Das Bildmaterial wurde vom Autor — in über 6-jähriger Reisetätigkeit — eigenhändig aufgenommen. Bei der Bildauswahl wurde großer Wert darauf gelegt, möglichst nur Fahrzeuge zu zeigen, deren Abbildungen bisher noch nicht an die Öffentlichkeit gelangten.

Es soll an dieser Stelle besonders darauf hingewiesen werden, daß die abgebildeten Fahrzeuge sich nicht in jedem Fall im Ursprungs-(Ablieferungs)Zustand präsentieren, denn im Laufe ihrer Einsatztätigkeit waren sie manchen Umbauten unterworfen. Auf die Wiedergabe historischer Aufnahmen wurde bewußt verzichtet, um das Gesamtbild des Bandes nicht zu stören.

Die Gliederung des Buches wurde zum einen nach zeitlichen Gesichtspunkten, zum anderen nach Fahrzeugverwendungszwecken vorgenommen. In den Texten wurde versucht, dem Leser neben einem Gesamteindruck über den jeweiligen Stand der Technik mit den wichtigsten Daten, auch Hinweise auf einzelne, wichtige Fahrzeuge im Bildteil zu geben und diese durch eine ausführliche Beschreibung herauszustellen.

Mit Sicherheit hat es sich nicht vermeiden lassen, daß sich Fehler und Irrtümer eingeschlichen haben, denn so manche Frage der Vergangenheit ist strittig (selbst schon aus der Nachkriegszeit) und umfassende Veröffentlichungen, die diese grundsätzlichen Fragen klären könnten, fehlen fast ganz.

An dieser Stelle soll die Leserschaft aufgerufen werden, durch sachliche Kritik, die sich möglichst auf fundierte Quellen (Werkskataloge, Prospekte, usw.) begründen sollte, zu helfen, offene Fragen und Lücken zu klären, die bei einer evtl. Neuauflage zu Berichtigungen führen könnten.

Nur durch die freundliche Unterstützung der vielen freiwilligen Feuerwehren, Berufs-und Werkfeuerwehren war es möglich, das umfangreiche Bildmaterial zu erstellen, aus dem dieser Bildband hervorging. Leider ist es aus Platzgründen völlig unmöglich, diese hier namentlich aufzuführen. Allen Wehrmännern, die mir bereitwillig und verständnisvoll — oftmals in ihrer Freizeit — geholfen haben, meinen herzlichen Dank.

Wir wünschen den Lesern viel Freude beim Betrachten und Lesen dieses Buches.

Bild Nr. 3: NAG-Autospritze 750 l-Pumpe 40 PS ehemaliger Pkw, Bj. 1905

1. Von den Anfängen der Motorisierung bis Ende der 30er Jahre

1.1. Automobilspritzen

Mit der Lieferung der ersten Ericson-Dampffeuerspritze aus England im Jahre 1832 an die Preußische Regierung in Berlin, begann auch im deutschen Feuerwehrwesen die motorische Kraft Eingang zu finden. Die Dampfkraft diente damals aber nur zum Antrieb der Pumpe; das Spritzenfahrzeug selbst wurde weiterhin von Pferden gezogen, denn die Zeit war noch nicht reif, um diese Antriebskraft als Fortbewegungsmittel für Straßenfahrzeuge zu verwenden. Zögernde Versuche mit Selbstfahrer-Dampfspritzen, wie z.B. das 1841 an die New Yorker Feuerwehr gelieferte Exemplar, waren zwar richtungsweisend, in der Handhabung aber zu umständlich, um sich durchsetzen zu können. Erst um die Jahrhundertwende, als neben der Dampfkraft auch der Elektroantrieb und die ersten Verbrennungsmotoren zur Verfügung standen, begannen sich die Fachleute des Feuerwehrwesens mit den Vor- und Nachteilen dieser unterschiedlichen Systeme auseinanderzusetzen. Allgemein wurde die Motorkraft von den Feuerwehren keineswegs mit Jubel begrüßt. Ganz im Gegenteil — wie bei so vielen technischen Neuerungen in der Geschichte, war der Widerstand in den eigenen Reihen teilweise sogar sehr stark, denn die Vorteile des Motorantriebs schienen zu den pferdebespannten Dampfspritzen, die sich in der Vergangenheit im Einsatz bewährt hatten, nur gering zu sein. In punkto Schnelligkeit konnten es die Gespanne durchaus mit den damaligen langsamen Motorfahrzeugen aufnehmen. Außerdem ließ die Zuverlässigkeit der Fahrzeuge, besonders solcher mit Benzinantrieb, anfangs zu wünschen übrig und war mit dem heutigen Entwicklungsstand nicht vergleichbar. Viele Branddirektoren wollten deshalb lieber beim Altbewährten bleiben und keine Experimente wagen.

Die Pferdehaltung hatte aber einen großen Nachteil: sie war sehr personal- und kostenintensiv, betrachtet man allein die Futterkosten, die selbstverständlich nicht nur bei Einsätzen anfielen. Auch schon damals waren die Mittel bei den Behörden knapp; deshalb führte erst diese Tatsache bei den Feuerwehren zu der Überlegung, sich mit der ,,Automobilisierung'' überhaupt näher zu beschäftigen.

Wie schon eingangs erwähnt, gab es verschiedene Antriebssysteme. Über die bestgeeignetste Antriebsart — ,,Dampf'' — ,,Elektrizität'' oder ,,Benzin'' — wurden in der Folgezeit heftige Diskussionen geführt. Da jedes System Vor- und Nachteile aufwies und man sich nicht einigen konnte, wurden in den Jahren bis zum 1. Weltkrieg alle Arten in unterschiedlichen Stückzahlen angeschafft, bis diese Frage letztendlich zugunsten des Benzinmotors entschieden wurde.

Bild Nr. 4: Benzinelektrische Autospritze 1500 l-Pumpe 55 PS, 5700 kg Gesamtgewicht 35 km/h Geschwindigkeit, Bj. 1913

Bild Nr. 5: MAN Autospritze, Bj. 1921

Bild Nr. 6: Benz Autospritze mit 1200 l-Pumpe, Bj. 1921

Bild Nr. 7: Magirus Autospritze 1 CV 95 1600 l-Pumpe, Bj. 1923 damaliger Kaufpreis: 117 Zentner Kartoffeln (Inflationswährung)

Da man zum Benzinmotor noch wenig Vertrauen besaß, schien sich der Elektroantrieb — entweder mit Batterie oder auch als benzinelektrisches Antriebssystem — durchzusetzen. Pionierarbeit auf dem Gebiete der Motorisierung leistete der damalige Branddirektor der Berufsfeuerwehr Hannover, Reichel, einer der wichtigsten Befürworter der Motorisierung überhaupt. Auf seine Veranlassung wurde der erste automobile 3-Fahrzeug-Löschzug entwickelt und im Jahre 1902 in Dienst gestellt. Er bestand aus einer selbstfahrenden Dampfspritze, einer Gasspritze und einem Mannschaftswagen. Letztere wurden batterieelektrisch betrieben. Die Berliner Feuerwehren entschieden sich 1908 beim ersten in Dienst gestellten 4-Fahrzeug-Löschzug ebenfalls für den batterieelektrischen Antrieb. Nachteile dieses Systems waren zum einen die geringe Reichweite, die aber bei

Bild Nr. 8: Berna Typ E 3 130/160 Autospritze 2800 l-Pumpe 50 PS 6940 kg Gesamtgewicht, Bj. 1924

Stadtfahrten nicht so sehr ins Gewicht fiel und zum anderen ein hohes Batteriegewicht, das die Zuladung unnötig begrenzte. Das benzinelektrische Antriebssystem, das aus dem Gedanken entstand, die Vorteile des Benzinfahrzeugs mit denen des Elektromobils zu vereinigen, ohne aber die Nachteile der beiden Antriebsarten mit zu übernehmen, konnte sich gegen die aufkommende Konkurrenz des Verbrennungsmotors — weil zu aufwendig — nicht mehr durchsetzen. Für den Dampfantrieb zeichnete sich schon vor dem 1. Weltkrieg das Ende ab. Fahrzeuge mit Elektroantrieb bewährten sich gut und wurden teilweise erst Ende der 30er Jahre ausgemustert.

Die auf Abbildung 3 vorgestellte benzinelektrische Automobilspritze der BF Freiburg wurde z.B. erst Mitte 1942 aus dem Einsatzdienst gezogen, ein Zeichen dafür, daß diese Veteranen — sofern sie noch vorhanden waren — bedingt durch den Mangel an Fahrzeugen, auch in der Kriegszeit noch verwendet wurden.

Bis 1910 wurden für den zivilen Bereich tausende Lastkraftwagen mit Benzinmotoren hergestellt, sodaß die Fahrzeugindustrie genügend Erfahrungen mit dieser Antriebsart sammeln konnte und die anfänglichen Störanfälligkeiten in den Griff bekam. Die Vorteile traten nun immer klarer zutage. Bis zum 1. Weltkrieg — bis dahin waren rund 400 „Automobilspritzen", davon über die Hälfte mit Ottomotoren, beschafft worden — war die Entscheidung über die geeignetste Antriebsart für Feuerwehrfahrzeuge zugunsten des Benzinmotors gefallen. Der 1. Weltkrieg setzte weiteren Motorisierungsbestrebungen der Wehren zunächst ein Ende.

Die Fahrzeuge der damaligen Zeit wurden zumeist einzeln und in Handarbeit von vielen Betrieben der Feuerwehrausrüstung gefertigt und den Kundenwünschen entsprechend individuell ausgerüstet. Als Basisfahrgestelle dienten nahezu alle Lkw-, aber auch Pkw-Typen dieser Epoche. Die vollgummibereiften Fahrzeuge erreichten Geschwindigkeiten bis zu 40 km/h.

Bild 4 zeigt ein typisches Löschfahrzeug der damaligen Zeit, das auf ein Pkw-Fahrgestell gebaut wurde.

In den 20er Jahren wurde die durch den 1. Weltkrieg unterbrochene Umrüstung der Feuerwehren auf Motorfahrzeuge endgültig vollzogen. Es wurden nur noch Fahrzeuge mit Ottomotoren beschafft. Abgesehen von den Autodrehleitern, auf die noch gesondert eingegangen werden soll, war das damalige Standardfahrzeug immer noch die Automobilspritze, für die sich eine bestimmte Grundform des Aufbaus herausgebildet hatte: offener Aufbau mit beidseitig angeordneten

Bild Nr. 9: Opel Autospritze 1200 l-Pumpe Hoenig-Aufbau 64 PS (bis 1953 i. Einsatz), Bj. 1928

Bild Nr. 10: Daimler-Benz M 16 Autospritze 1000 l-Pumpe 50 PS 3893 ccm 7200 kg Gesamtgewicht, Bj. 1929

Bild Nr. 11: Saurer-Autospritze 2000 l-Pumpe (bis 1964 im Einsatz), Bj. 1929

Bild Nr. 12: Austro-Daimler-Autospritze 1000 l-Pumpe Spitzer-Aufbau, Graz 60 PS, Bj. 1928

Bild Nr. 13: Magirus MMS Autospritze Typ ,,Stuttgart'' 2000 l-Pumpe 350 l-Wassertank 100 PS, Bj. 1929

Längssitzen, einer am Rahmenende eingebauten Feuerlösch-Kreiselpumpe unterschiedlicher Leistung, sowie einer trag- oder fahrbaren Schlauchhaspel. Vielfach ergänzte ein kleiner Wassertank die Ausstattung. Die Bedienungsarmaturen waren fast ausschließlich offen ausgeführt und die Geräte lagerten in Halterungen ungeschützt im Freien.

Bis auf ganz wenige Ausnahmen wurden die Feuerwehrfahrzeuge auch noch Mitte der 20er Jahre in offener Bauweise hergestellt, sodaß die Besatzungen ungeschützt Wind und Wetter ausgesetzt waren. Viele Branddirektoren hielten diesen Schutz nicht für notwendig, denn sie vertraten die heute kaum noch verständliche Ansicht, Feuerwehrmänner müßten abgehärtet bleiben! Erst der sehr strenge Winter 1928/29 ließ die letzten Befürworter dieser irrigen ,,Abhärtungsthese'' verstummen. Neubeschaffungen erfolgten dann fast nur noch mit geschlossenen Mannschaftskabinen, oder weiterhin mit offenen, aber durch Segeltuchverdecke geschützte Aufbauten. Wegen der Unfallgefahr verschwanden gegen Ende der 20er Jahre auch die Längssitzbänke auf den Automobilspritzen. Die Mannschaften saßen nun auf Sitzbänken, die quer zur Fahrtrichtung angeordnet waren. Die Luftbereifung begann die Hartgummibereifung zu ersetzen.

Bild Nr. 14: Magirus M 1 s Autospritze 1200 l-Pumpe 55 PS, 4226 ccm, Bj. 1930

Bild Nr. 15: FBW Autospritze 4000 l-Pumpe 115 PS, Bj. 1931

Die bis zum 1. Weltkrieg gebauten motorisierten Feuerwehrfahrzeuge standen in der Regel bis weit in die 30er Jahre im Dienst. Fahrzeuge der 20er Jahre gehörten fast alle noch während des 2. Weltkriegs zum Fahrzeugbestand der Feuerwehren. Die Not der Nachkriegszeit sorgte dafür, daß man teilweise auch dann noch nicht auf sie verzichten konnte, bis neue Fahrzeuge in ausreichender Zahl zur Verfügung standen. Dies gilt vor allem für kleinere Wehren. Bis Ende der 60er Jahre waren aber praktisch alle Löschfahrzeuge dieser Epoche ausgemustert.

Durch die Kriegswirren einerseits, zum anderen aber auch durch unsinnige Verschrottungen in der ,,Wirtschaftswunderzeit'' des Wiederaufbaus, sind nicht mehr viele ,,Oldtimer'' übrig geblieben. Die wenigen Überlebenden werden heute gehegt und gepflegt und als Attraktion bei Veranstaltungen (Feuerwehrfeste z .B.) dem Publikum präsentiert. Stellvertretend sollen auf diesen Seiten einige typische Vertreter dieser Zeit im Bild vorgestellt werden. Um möglichst viele unbekannte Fahrzeuge zu zeigen, wurde teilweise auf österreichische und schweizer Fabrikate zurückgegriffen.

Bild Nr. 16: Saurer BL Autospritze 2800 l-Pumpe 110 PS 9911 ccm Fega-Aufbau, Zürich (bis 1981 im Einsatz!), Bj. 1931

Bild Nr. 17: MAN 31/2 T Autodrehleiter 26 m Magirus-Aufbau 65 PS, Bj. 1926

In die beginnende Motorisierungsphase für Feuerwehrfahrzeuge wurde die Feuerwehrleiter — ebenso wie die Dampfspritze — mit einbezogen. Bis dahin waren bei den Wehren entweder kleinere, handgezogene Zweiradleitern oder auf Zweiachsanhänger aufgebaute, pferdegezogene Leiterkonstruktionen im Einsatz. Das Aufrichten und Drehen dieser teilweise schon 25 Meter Auszugslänge messenden Holzleitern mit Stahlverspannung erfolgte mechanisch über Handbetrieb.

Die neuen Motorleitern wurden — wie auch die Automobilspritzen — auf Fahrgestelle mit verschiedenen Antriebssystemen aufgebaut. Gleichzeitig begann man, die motorische Kraft auch für den Antrieb der Leiterbewegungen nutzbar zu machen. Aber auch hier konnte man sich nicht über das vorteilhafteste System einigen und die Entwicklung verlief anfangs mehrgleisig. Das ist — rückschauend betrachtet — dadurch zu erklären, daß um die Jahrhundertwende zu viele Antriebssysteme und Neuerungen nahezu gleichzeitig aufkamen und jedes System — mit Vor- und Nachteilen behaftet — einen längeren Zeitraum brauchte, um zu einer gewissen Ausgereiftheit zu gelangen, damit Vergleiche untereinander möglich waren.

Bild Nr. 18: Daimler-Benz LD 2 Autodrehleiter 26 m Metz-Aufbau, Bj. 1929

1.2. Autodrehleitern

1916 wurde eine richtungsweisende Drehleiterkonstruktion vorgestellt, die in den Grundzügen auch heute nach wie vor Gültigkeit besitzt. Es war die auf einem Saurerfahrgestell für die Feuerwehr Chemnitz gelieferte erste 25 m Autodrehleiter der Welt mit direktem Antrieb aller Leiterbewegungen vom Fahrzeugmotor aus. Bis Anfang der 20er Jahre hatte sich dieses System allgemein durchgesetzt. Dem damals vorbildlichen Sparwillen der Behörden war es zu verdanken, daß auch die nicht motorisierten Holz-

Bild Nr. 19: Magirus M 25 Autodrehleiter 20 m Metz-Aufbau, Bj. 1934

leitern weiter verwendet werden konnten. Man entwickelte Lafettenfahrzeuge, auf deren Halterungsschienen die komplette Leiter zum Transport heckseitig aufgeschoben werden konnte. Diese, als Abprotzleitern bezeichneten Fahrzeuge, wurden teilweise bis in die 30er Jahre hinein gebaut. Sie boten besondere Vorteile in schmalen Gassen und Höfen, wenn der Einsatz einer Autodrehleiter aus Platzmangel nicht möglich war, andererseits aber größere Höhen überwunden werden mußten. Bild 22 zeigt ein solches Fahrzeug, das 1934 gebaut, sogar heute noch im Dienst steht. In Deutschland werden diese Leiterkonstruktionen — im Gegensatz zum Ausland (Großbritannien z.B.) — schon lange nicht mehr gebaut.

Für Drehleitern wurden im Juli 1925 die ersten Normbestimmungen in Kraft gesetzt. Sie enthielten nur noch die Größen 18, 20 und 22 m Steighöhe. Das schloß aber nicht aus, daß auf Bestellung auch größere Leitern hergestellt wurden. In den ersten Jahren wurden Drehleitern von vielen verschiedenen Herstellern gefertigt. Nach dem 1. Weltkrieg bildeten sich die Firmen Metz in Karlsruhe und Magirus in Ulm als Hauptlieferanten heraus. Von diesen Anbietern wurde auch die Weiterentwicklung der Drehleitern getragen, deren Konstruktionen schon damals führend in der Welt waren. In den folgenden Jahren wurden die noch heute gültigen automatischen Sicherheitseinrichtungen entwickelt. 1923 wurde von Metz eine 25 m Autodrehleiter mit voll mechanischen Sicherheitseinrichtungen fertiggestellt. Die Sicherung gegen das Kippen wurde mittels einer in das Aufrichtgestell eingebauten mechanischen Waage erreicht, die bei Erreichung von Höchstwerten die Leiterbewegungen über das Getriebe automatisch zum Halten brachte.

Eine ähnlich einfache mechanische Lösung wurde mit dem Lot gefunden, das die ausgezogene Leiter, unabhängig vom Drehwinkel und der Lage des Fahrgestells, stets selbsttätig senkrecht einstellte.

Als Werkstoff für die Leiter wurde anfangs nur Holz verwendet. In den 20er Jahren wurden auch Versuche mit Stahl durchgeführt. Da das Schweißen dünnwandiger Stahlprofile zu dieser Zeit noch nicht zuverlässig genug war, mußten umständliche Nietverbindungen geschaffen werden, die den allgemeinen Übergang auf diesen Werkstoff zunächst ausschlossen. Nachdem man Anfang der 30er Jahre Fortschritte in der Schweißtechnik erzielt hatte, konnte man wieder auf Stahlkonstruktionen zurückgreifen, denn bei Versuchen mit Leichtmetall trat eine zu geringe Festigkeit dieses Materials zutage. Heute wird zur Herstellung des Leitersatzes nur noch Leichtmetall verwandt.

Bild Nr. 20: Berna Automobildrehleiter 30 m Magirus-Aufbau, Bj. 1932

Bild Nr. 21: Magirus M 30 L Autodrehleiter 24 m Magirus-Aufbau 70 PS 4530 ccm 5400 kg Leergew., Bj. 1934

Bild Nr. 22: Daimler-Benz LO 3000 Abprotzleiter 25 m Aufbau Koebe, Luckenwalde, Bj. 1934

Bild Nr. 23: Daimler-Benz Typ ,,Nürburg'' Mannschafts- u. Gerätewagen, Eigenumbau, Bj. 1930

1.3. Löschfahrzeuge, Kraftfahrspritzen und -drehleitern

Ab 1930 wurden Feuerwehrfahrzeuge überwiegend mit geschlossenen Fahrer- u. Mannschaftsaufbauten konstruiert und die Luftbereifung hatte die Hartgummi- oder Elastikbereifung verdrängt. Auch die letzte Veränderung war umstritten, befürchtete doch die Feuerwehrseite bei der Luftbereifung, besonders bei Drehleitern, eine geringere Standfestigkeit gegenüber solchen aus Hartgummi. Diese Bedenken kamen darin zum Ausdurck, daß Drehleitern auch dann noch Elastikreifen trugen, als alle anderen Neubeschaffungen schon längst über Luftbereifung verfügten. Ältere Fahrzeuge wurden, soweit dies möglich war, nach und nach auf die neue, vorteilhaftere Bereifung umgestellt.

War das Erscheinungsbild der älteren, offenen Automobilspritzen von einer zumindest entfernten Ähnlichkeit zu den pferdegezogenen Kutschfahrzeugen geprägt, begannen die neuen Fahrzeuge, allein schon durch den geschlossenen Aufbau, eine modernere Gestalt anzunehmen. Für Feuerwehrliebhaber gehören die klassischen Linien der Fahrzeuge der nun beginnenden Epoche zu den schönsten, die je gebaut wurden.

Etwa um die gleiche Zeit stellten die Hersteller schwerer Lastkraftwagen aus wirtschaftlichen Gründen ihre Fertigung vom Ottomotor auf den Dieselmotor um. Wiederum erhitzten sich in Feuerwehrfachkreisen die Gemüter über die Frage, welche Antriebsart für

Bild Nr. 24: Daimler-Benz LO 2750 Kraftfahrspritze 1600 l-Pumpe, Bj. 1933

Feuerwehrfahrzeuge die geeignetere sei. Man wandte damals nicht zu Unrecht ein, daß der Dieselmotor schwerer startet, kostspieliger ist und wirtschaftliche Überlegungen, wie etwa der geringere Kraftstoffverbrauch, beim Brandschutz zurückzustehen hätten.

Das Problem löste sich für die Feuerwehren von selbst: die Hersteller boten in ihren Fertigungsprogrammen immer weniger Schwerlastfahrgestelle mit Ottomotoren an, da diese bei den klar erwiesenen wirtschaftlichen Vorzügen des Dieselmotors kaum noch Abnehmer fanden. Lediglich leichtere Lastkraftwagen bis ca. 2,5 t wurden weiterhin mit Ottomotoren gefertigt und somit auch für Feuerwehrfahrzeuge verwandt. Erst Anfang der 50er Jahre gelang es dem Dieselmotor, auch in diese bisherige Domäne des Ottomotors einzubrechen.

Am 30.1.1933 hatte Adolf Hitler in Deutschland die Macht übernommen und der Staat begann in der Folgezeit immer stärker, in die Belange des Feuerwehrwesens einzugreifen. Durch Gesetz wurden Ende 1933 zunächst alle Feuerwehren der Schutzpolizei unterstellt.

Unter diesen Aspekten ist auch der Erlaß des Reichsministers der Luftfahrt und des Innenministeriums am 22.8.1935 zu betrachten, der bestimmte, daß Feuerwehrfahrzeuge mit über 3 t Tragfähigkeit mit Rücksicht auf die zukünftige Treibstoffversorgung nur noch mit Dieselmotoren zu beschaffen seien. Jeder weiteren Diskussion über dieses Thema war damit die Grundlage entzogen worden.

Unter dem Einfluß der Luftschutzvorbereitungen und durch die Tatsache, daß bei vielen Wehren Ersatzbeschaffungen für überalterte Fahrzeuge fällig wurden, stieg der Bedarf an Feuerwehrfahrzeugen in Deutschland, denn viele Fahrzeuge stammten noch aus der Zeit vor dem 1. Weltkrieg oder waren während der Kriegsjahre geliefert und in Dienst gestellt worden. Sie waren, da technisch überholt, den gestiegenen Anforderungen immer weniger gewachsen. Die Wehren der größeren Städte erneuerten in diesen Jahren ihre Fahrzeugbestände, wobei neben den ,,klassischen'' Feuerwehrfahrzeugen, der Automobil- oder Kraftfahrspritze (so wurden diese Fahrzeuge in den 30er Jahren bezeichnet) und der Drehleiter, auch in zunehmenden Maße Spezialfahrzeuge wie Rüst- oder Pionierwagen, Schlauchfahrzeuge, Unfallhilfswagen und andere beschafft werden mußten, denn schon damals dehnten sich die Aufgaben der Feuerwehren über den Brandschutz hinaus auch auf andere Bereiche, z.B. die technische Hilfeleistung, aus. Allerdings hatte man schon in den 20er Jahren begonnen, Spezialfahrzeuge zu beschaffen.

Bisher wurden Feuerwehrfahrzeuge in Einzelanfertigung, allenfalls in Kleinserien ge-

Bild Nr. 25: Opel Blitz 1 t Autospritze 800 l-Pumpe, Bj. 1935

Bild Nr. 26: Magirus M 27 Kraftfahrspritze KS 15 Magirus-Aufbau (bis 1965 im Einsatz), Bj. 1935

Bild Nr. 27: Magirus M 27 Kraftfahrspritze KS 15 (offener Aufbau) Magirus-Aufbau, Bj. 1937

Bild Nr. 28: Hansa Lloyd Kraftfahrspritze KS 15 Magirus-Aufbau (1984 noch im Einsatz), Bj. 1939

Bild Nr. 29: Hansa Lloyd Kraftfahrspritze KS 15, Magirus-Aufbau, Bj. 1939

Bild Nr. 30: Daimler-Benz LD 3000 Kraftfahrspritze KS 15 Metz-Aufbau, Bj. 1938

Bild Nr. 31: Daimler-Benz LO 2750 Kraftfahrspritze KS 15 Daimler-Benz-Aufbau (1984 noch im Einsatz!), Bj. 1936

Bild Nr. 32: Magirus-M 27 Kraftfahrspritze KS 15 60 PS 3444 ccm (bis 1978 im Einsatz) Magirus-Aufbau, Bj. 1938

baut, denn keiner der vielen Aufbauhersteller war bereit, das Risiko einer größeren Serie einzugehen. Man war immer bestrebt, schon allein aus Konkurrenzgründen, möglichst jeden speziellen Kundenwunsch zu erfüllen. Diese Praktiken standen einer rationellen, sprich preisgünstigeren Fertigung im Wege und hatte bei den Wehren zu einer fast unüberschaubaren Typenvielfalt geführt. Erst ab ca. 1936 glückte der Versuch von Magirus, ein mittelschweres Löschfahrzeug in größerer Stückzahl auf den Markt zu bringen. Es war die sog. ,,Einheitsspritze'', die zumeist auf Magirus M 30-Fahrgestellen mit 70 PS-Motor aufgebaut und mit einer 1500 l-Pumpe und vollständig geschlossenem Fahrer- u. Mannschaftsraum ausgestattet wurde. Diese handlichen Löschfahrzeuge waren auf die Bedürfnisse kleiner und mittlerer Wehren zugeschnitten. Die Abbildungen 26, 28 u. 29

Bild Nr. 33: Magirus M 40 S Kraftfahrspritze KS 25 110 PS 7739 ccm Magirus-Aufbau, Bj. 1933

Bild Nr. 34: Opel Blitz 3,6 — 42 Kraftfahrspritze KS 15 Koebe-Aufbau, 75 PS (1981 noch im Einsatz), Bj. 1938

zeigen diesen oft verwendeten Typ. Die meisten dieser Fahrzeuge waren mit einer Vorbaupumpe ausgerüstet. Abbildung 32 ist besonders interessant, zeigt sie doch eine ,,Einheitsspritze'' im sog. ,,feuerschutzgrünen'' Anstrich, der im Zuge der Eingliederung der Feuerwehren in die Schutzpolizei ab 1938 allgemein eingeführt wurde. Die Fahrzeuge der Feuerwehren trugen alsbald auch das ,,Pol''-Kennzeichen.

Auf Bild 27 ist eine M 30-Kraftfahrspritze in offener Ausführung zu sehen, ein Zeichen dafür, daß auch damals noch manches Fahrzeug offen ausgeführt wurde.

Nicht zuletzt durch die Normungsbestimmungen beeinflußt, bildeten sich im Feuerwehrfahrzeugbau 3 Basistypengrößen heraus, nämlich leichtere Löschfahrzeuge mit Pumpenleistungen unter 1000 l/min, mittelschwere Fahrzeuge, die mit Pumpen um 1500 l/min

Bild Nr. 35: Daimler-Benz LO 2750 Kraftfahrspritze KS 15 Metz-Aufbau, Bj. 1940

Bild Nr. 36: Magirus M 27 A Kraftfahrdrehleiter 22 m (Holzleiter von 1907) Metz-Aufbau, 70 PS, Bj. 1939

ausgerüstet waren und schwere, mit 2500 l-Pumpen bestückte Kraftfahrspritzen. An Fahrgestellen fanden — nur um die wichtigsten zu nennen — bei den leichten Fahrzeugen besonders der Opel Blitz 1 t, bei den mittelschweren Löschfahrzeugen die schon erwähnten M 27 u. M 30, Daimler-Benz L 2500-3000, sowie ab ca. 1937 der Opel-Blitz 3 t und bei den größeren Modellen Magirus M 40/M 50 und Daimler-Benz L 3500 u. L 3750 Verwendung. Selbstverständlich wurden auch Fahrgestelle anderer Lastwagenhersteller wie Büssing-NAG, Henschel, MAN und andere für Feuerwehraufbauten genommen. Kleinere Wehren mußten, da ihnen die Mittel zu einem neuen Feuerwehrfahrzeug oftmals fehlten, damals wie heute zur Selbsthilfe greifen. In diesen Jahren griff man gerne auf schwere Personenwagen der 20er Jahre zurück, die von der Motorleistung und Tragfähigkeit her

Bild Nr. 37: Daimler-Benz LD 3000 Kraftfahrdrehleiter 25 m Metz-Aufbau (1984 noch im Einsatz), Bj. 1939

Bild Nr. 38: Magirus M 30 a Kraftfahrdrehleiter 24+2 m Magirus-Aufbau 70 PS 4562 ccm, Bj. 1939

geeignet waren, nach entsprechenden Umbauten einige Löschgeräte und Mannschaften zu befördern. Diese Fahrzeuge taten vereinzelt noch bis in die 70er Jahre Dienst. Als Beispiel soll der seltene Daimler-Benz Typ „Nürburg" der FF Arbon/Schweiz (Bild 23) dienen, der auch heute noch betriebs- und einsatzfähig ist. Zu der Abbildung 25 sollen noch einige Anmerkungen gemacht werden. Auf ein neues Opel-Blitz 1 t-Fahrgestell wurde unter Einschaltung eines örtlichen Karosseriebetriebs der Aufbau einer ausgedienten Automobilspritze gesetzt. Das interessante Fahrzeug erfüllte noch viele Jahre seine Pflicht und ist heute noch bei der Wehr in einsatzfähigem Zustand vorhanden.

Auf dem Gebiete der Kraftfahrdrehleitern — so wurden diese Fahrzeuge analog den Kraftfahrspritzen allgemein bezeichnet — geschahen bis zum 2. Weltkrieg keine durchgreifen-

Bild Nr. 39: Daimler-Benz LOD 3500 Kraftfahrdrehleiter 26 + 3 m Metz-Aufbau (heute noch im Einsatz), Bj. 1934

den technischen Neuerungen. Es wurden vorwiegend Leitern mittlerer Steighöhen beschafft (bis ca. 25 m). Diese wurden — ähnlich wie die Kraftfahrspritzen — auf handelsübliche mittelschwere Fahrgestelle vor allem von Magirus und Daimler-Benz aufgebaut. Eine Besonderheit ist auf der Abbildung 36 zu sehen: eine DL 22 auf Magirus M 27-Fahrgestell von 1939. Der Metz-Holzleiterpark stammt aber von 1907 und wurde auf das neue Fahrgestell aufgebaut. Das zur FF Rosenheim gehörende Fahrzeug dient nunmehr als Museumswagen.

Für die Aufgaben des Luftschutzes wurden ab ca. 1936 Kraftfahrdrehleitern mit 25 m Auszugslänge in größeren Stückzahlen beschafft. Offensichtlich erfolgten aber auch Lieferungen an Berufs- u. Freiwillige Feuerwehren. Zur Verwendung kamen überwiegend die Fahrgestelle L 3500/L3750 von Daimler-Benz und M 50/M 145 von Magirus-Deutz. Diese sehr imposanten und formschönen Fahrzeuge werden auf den Seiten 21—23 gezeigt. Besonders erwähnt werden soll die Drehleiter auf Bild 39, ein 1934 gebautes Fahrzeug, das noch immer bei der FF Tulln/Österreich im Dienst steht. Die Drehleiter wurde im Jahre 1957 generalüberholt.

Bild Nr. 40: Daimler-Benz L 3750 Kraftfahrdrehleiter 26 m, Bj. 1939

Bild Nr. 41: Daimler-Benz LOD 3500 Kraftfahrdrehleiter 26 m Metz-Aufbau 95 PS 7360 ccm, Bj. 1935

Bild Nr. 42: Daimler Benz L 3750 Kraftfahrdrehleiter 26 m Metz-Aufbau 100 PS, Bj. 1939

Bild Nr. 43: Magirus M 50 L Kraftfahrdrehleiter 30 m Magirus-Aufbau, Bj. 1935

Bild Nr. 44: Magirus FL 150 Kraftfahrdrehleiter 26 m Magirus-Aufbau, Bj. 1939

Kraftfahrspritzen und -Drehleitern dieser Epoche standen, besonders bei kleineren Wehren, manchmal noch bis weit in die 70er Jahre, vereinzelt sogar heute noch, im Dienst, bevor sie neueren Fahrzeugen Platz machen mußten.

Die auf der Seite 24 abgebildeten Fahrzeuggruppen — Bild 46 zeigt zwei Fahrzeuge, die sich 1981 noch im Reservebestand der BF Göttingen befanden — leiten schon zum nächsten Kapitel der standardisierten Fahrzeuge der Kriegszeit über.

Bild Nr. 45: Magirus FL 145 Kraftfahrdrehleiter 26 m Magirus-Aufbau (bis 1973 bei der BF Bremen im Einsatz), Bj. 1941

Bild Nr. 46: Daimler-Benz L 4500 DL 22 u. Daimler-Benz L 3750 KS 25 — (1981 noch im Einsatz)

Bild Nr. 47: KHD FS 330 LF 15 u. Daimler-Benz L 4500 LF 25 (aufgenommen 1985)

2. Die vereinheitlichten Löschfahrzeuge der Kriegszeit

Im vorausgegangenen Kapitel wurde bereits erwähnt, daß durch die Bestellung Adolf Hitlers als Reichskanzler am 30.1.1933 und die in Deutschland geänderten Machtverhältnisse auch einschneidende Auswirkungen auf Organisation, später auch auf den Fahrzeugbau der Feuerwehren eintraten. Gemäß den neuen Führungsprinzipien der Nationalsozialistischen Deutschen Arbeiterpartei (NSDAP) führte die Entwicklung zu einer strafferen reichseinheitlichen Lenkung in allen Bereichen. Sie begann damit, daß am 15.12.1933 das preußische Gesetz über das Feuerlöschwesen erlassen wurde, mit dem die Feuerwehren in Preußen den Ortspolizeibehörden unterstellt wurden. Dieses Gesetz wurde durch einen Erlaß des Innenministeriums vom 12.1.1936 ergänzt, das alle außerpreußischen Länder aufforderte, sich diesen Entwicklungen anzugleichen. Praktische Auswirkungen hatten diese Regelungen zunächst nur in organisatorischer Hinsicht. Inoffiziell hieß die Feuerwehr nun ,,Feuerlöschpolizei''. Am 23.11.1938 trat für die Feuerwehren, die bislang noch der Verantwortung der Länder und Gemeinden angehörten, die nächste Änderung in Kraft. Mit dem neuen Gesetz über das Feuerlöschwesen wurden die Feuerwehren in den Zuständigkeitsbereich des Reichsministers des Inneren eingegliedert. Die Feuerwehren wurden nun fest in die Ordnungspolizei des Reiches überführt. Für die Berufsfeuerwehren galt ab sofort die neue Bezeichnung ,,Feuerschutzpolizei'', die freiwilligen Feuerwehren wurden in den Status der ,,Hilfspolizeitruppen'' eingeordnet. In einer Präambel zu diesem Gesetz hieß es: ,,Die wachsende Bedeutung des Feuerlöschwesens vor allem für den Luftschutz erfordert, daß schon eine friedensmäßige Organisation hierauf abgestellt wird. Hierzu ist

Bild Nr. 48: Daimler-Benz Leichtes Löschgruppenfahrzeug (LLG/LF 8) Rosenbauer-Aufbau, Bj. 1942

Bild Nr. 49: Klöckner-Humboldt-Deutz FS 330 Schweres Löschgruppenfahrzeug (SLG/LF 15) Magirus-Aufbau, Bj. 1941

Bild Nr. 50: Magirus FS 145 Kraftfahrspritze KS 25 Magirus-Aufbau 125 PS 9122 ccm, Bj. 1940

Bild Nr. 51: Daimler-Benz Schwere Drehleiter (SDL/DL 22) Magirus-Aufbau (1985 noch im Einsatz), Bj. 1943

nötig die Schaffung einer straff organisierten, vom Führungsprinzip geleiteten, reichseinheitlich gestalteten, von geschulten Kräften geführten Polizeitruppe (Hilfspolizeitruppe) unter staatlicher Aufsicht." Über die Zielsetzung war damit genug gesagt. Besonders im Hinblick auf die Luftschutzvorbereitungen kamen sehr viele neue Aufgaben auf die Feuerwehren zu.

Auswirkungen auf das Fahrzeugwesen traten erst nach und nach ein. Allgemein wurden Normung und Vereinheitlichung beschleunigt. Dies war auch dringend notwendig, denn jahrzehntelang wurden von den für örtliche Feuerschutzaufgaben verantwortlichen Gemeinden Geräte und Fahrzeuge als Ausrüstung ihrer Feuerwehren ohne einheitliche Lenkung der Anfertigung bestimmter Typen und Arten beschafft. Im Rahmen dieser Aufgaben leisteten viele Gemeinden — in der Regel ohne gegenseitige Fühlungnahme — auch Entwicklungsarbeiten, wobei selbstverständlich die Feuerwehrführer ihre meist nur aus rein örtlichen Erkenntnissen entstandenen eigenen Ansichten durchsetzten. Die Gerätehersteller waren, allein schon aus Konkurrenzgründen, mehr oder weniger gezwungen, diese vielseitigen Wünsche zu erfüllen. Dadurch schwoll die Zahl der Typen von Jahr zu Jahr an und das Bild, daß die Ausrüstung der Feuerlöschkräfte bot, wurde immer buntscheckiger.

Große Nachteile ergaben sich aus einer derartigen Handhabung der Gerätebeschaffung für die Ausbildung und den Einsatz der Feuerwehrkräfte. Hier ein Beispiel: Bei einem verheerenden Brand der Gemeinde Öschelbronn bei Pforzheim am 10.9.1933 traten bei der Löschhilfe durch benachbarte Wehren durch die verschiedenartigen Kupplungssysteme große Schwierigkeiten auf. Dies war der Anlaß, eine Normung der Hydranten und Schlauchkupplungen zu betreiben, die gemäß Erlaß bis zum Beginn des Jahres 1938 auf normgerechte Ausführung umzustellen waren. Die Voraussetzung für eine grundlegende Wandlung der Entwicklung des Feuerwehrfahrzeugbaus wurden durch das Reichsfeuerlöschgesetz vom 23.11.1938 und die hierzu ergangenen Durchführungsverordnungen geschaffen. Aber schon vorher waren Bestrebungen im Gange, die Typenvielfalt zu begrenzen. Wesentlicher Betreiber war das Reichsluftfahrtministerium, das schon 1934 für die Belange des Luftschutzes verschiedene Prototypen bauen ließ, die bei der Berliner Feuerwehr erprobt wurden. Diese Baumuster — Kraftzugspritze KzS 8, Kraftfahrspritze KS 15, Kraftfahrdrehleiter KL 26 u. KL 46 und Schlauchkraftwagen — wurden mit Ausnahme der KL 46 — diese war viel zu schwer und unhandlich — in großen Stückzahlen auf verschiedenen Fahrgestellen gefertigt. Im Rahmen der Luftschutzvorbereitungen betrieb auch das Innenministerium — zeitweise in Konkurrenz zum Luftfahrtministerium — die Entwicklung geeigneter Einsatzfahrzeuge.

An eine umfassende Typung von Feuerwehrfahrzeugen konnte erst herangegangen werden, als für den Bau von Fahrgestellen entsprechende Richtlinien erlassen waren. Im Herbst 1938 wurde ein Generalbevollmächtigter für das Kraftfahrwesen eingesetzt, der den Auftrag hatte, die Herstellung von Kraftfahrzeugen im Detail zu regeln. In diesem sog. „Schell-Programm", genannt nach dem als Generalbevollmächtigten eingesetzten Oberst Schell, fielen Feuerwehrfahrzeuge unter die Bestimmungen „Sondertypen und Spezialfahrzeuge".

Die Typungsarbeiten wurden vom Hauptamt der Ordnungspolizei durchgeführt. In einer Arbeitsgemeinschaft, der die Vertreter verschiedener Sparten angehörten, wurde über zweckmäßige Fahrzeugkonstruktionen beraten. Für die Typung kamen nur Fahrgestelle von 1,5 t, 3 t und 4,5 t-Nutzlast in Betracht, da die Tragfähigkeit des „Eintonners" zu gering, der 6,5 Tonner hingegen für den normalen Alarmdienst zu schwer und unhandlich war.

Die Ergebnisse der in der Arbeitsgemeinschaft gewonnenen Erkenntnisse gab der Chef der Ordnungspolizei am 16.2.1940 in Form einer Weisung für den Bau von Feuerwehrfahrzeugen heraus. Für alle vorgenannten Fahrgestelle sollten Löschgruppenfahrzeuge und Drehleitern, aber auch Fahrzeuge für andere Verwendungszwecke, entworfen werden. Durch Voransetzung der Worte „leicht" (für den 1,5-Tonner), „schwer" (für den 3-Tonner), und „groß" (für den 4,5 Tonner), wurde ihre unterschiedliche Einsatzstärke gekennzeichnet. Unter dem Begriff „Anordnungen über den Bau von Feuerwehrfahrzeugen", wurden 10 Einzelhefte herausgegeben, die Beschreibungen und technische Zeichnungen der Fahrzeuge enthielten.

Das Luftfahrtministerium stellte eigene Typen unter abweichenden Bezeichnungen (Kraftfahrspritzen — KS — und Kraftfahrdrehleitern — KL) in Dienst.

Erst mit Runderlaß vom 30.4.1943 wurden für alle Feuerwehrfahrzeuge im Reich einheitliche Bezeichnungen eingeführt, die die Begriffe „leicht, schwer und groß", die dem militärischen Sprachgebrauch entnommen waren, ersetzten und sich bei Löschgruppenfahrzeugen an der Pumpenleistung, bei den Drehleitern an der Auszugslänge orientierten. Über die wichtigsten Einzelheiten der getypten Fahrzeuge wird in den nachfolgenden Kapiteln berichtet.

Bild Nr. 52: Opel-Blitz 1 t Kraftzugspritze KzS 8 Meyer-Hagen-Aufbau, Bj. 1936

2.1. Leichte Löschgruppenfahrzeuge (LLG, LF 8)

Bild Nr. 53: Daimler-Benz L 1500 Leichtes Löschgruppenfahrzeug (LLG/LF 8) mit TSA 45 PS, Bj. 1941

Das Leichte Löschgruppenfahrzeug diente hauptsächlich zur Ausrüstung der freiwilligen Feuerwehren auf dem Lande, in Stadtrandgebieten, sowie kleinerer Werkfeuerwehren. Das auf einem 1,5 t-Fahrgestell aufgebaute Fahrzeug mußte eine Löschgruppe, bestehend aus einem Führer und 8 Mann, eine Feuerlöschpumpe, sowie die erforderlichen Lösch-, Rettungs- und Hilfsgeräte aufnehmen. Da die Tragfähigkeit des 1,5-Tonners begrenzt war, konnten diese Forderungen nur erfüllt werden, indem ein Einachsanhänger — der Tragkraftspritzenanhänger (TSA) — mitgeführt wurde. In diesem war eine tragbare Kraftspritze mit einer Leistung von 800 l/min untergebracht. Vorläufer des LLG war die Kraftzugspritze KzS 8, die ab ca. 1937 in großen Stückzahlen vom Reichsluftfahrtministerium beschafft wurde. Die Tragkraftspritze wurde ebenfalls auf einem Anhänger befördert. Verwendet wurden vorwiegend Opel Blitz-Fahrgestelle, anfangs mit 1 t, später mit 1,5 t Tragfähigkeit. Das ebenfalls als Gruppenfahrzeug ausgelegte Löschfahrzeug wurde anfangs mit offenem Aufbau gefertigt. Ab Bauserie 1938 wurden Fahrer- und Mannschaftssitze mit einem Segeltuchverdeck versehen und 1939 erhielt das nunmehr verwendete 1,5 t-Fahrgestell ein geschlossenes Fahrerhaus aus Stahlblech. Die von der Fahrzeugrückseite her zugänglichen und quer zur Fahrtrichtung angeordneten Mannschaftssitze waren weiterhin nur ungenügend durch das Verdeck gegen Kälte geschützt. Da diese Konstruktionen nur teilweise als zweckmäßig zu bezeichnen waren, wurde die Entwicklung vom Reichsinnenministerium nicht weiter verfolgt.

Bild Nr. 54: Daimler-Benz L 1500 S Leichtes Löschgruppenfahrzeug (LLG/LF 8) Daimler-Benz-Aufbau 60 PS, Bj. 1942

Bild Nr. 55: Steyr 1500 A Leichtes Löschgruppenfahrzeug (LLG/LLF) Rosenbauer-Aufbau, Bj. 1941

Bild Nr. 56: Daimler-Benz L 1500 S Leichtes Löschgruppenfahrzeug (LLG/LF 8) Nowack-Aufbau, Bj. 1943

Bild Nr. 57: Opel Blitz 3 t LF 8 Magirus-Aufbau, Bj. 1944

Nachfolgetyp wurde das Leichte Löschgruppenfahrzeug auf dem Fahrgestell des Daimler-Benz L 1500, das sich vor allem durch den vollständig geschlossenen Aufbau auszeichnete. Ab 1941 wurde der Typ L 1500 S gefertigt, der bis Ende 1943 als Basisfahrgestell für das LLG verwandt wurde. Da die Motorleistung von 45 PS beim Vorgängertyp ein wenig knapp war, erhöhte man diese auf 60 PS. Die Aufbauten wurden vor allem von Daimler-Benz selbst, aber auch von anderen Herstellerfirmen gebaut.

Nachdem die Produktion des L 1500 S auslief, wurde nun das Opel-Blitz 3 t-Fahrgestell für das ab 30.4.1943 als LF 8 bezeichnete Fahrzeug verwendet. Durch die höhere Tragfähigkeit des Fahrgestells bedingt, konnte endlich die Tragkraftspritze im Fahrzeug selbst mitgeführt werden, sodaß man auf den hinderlichen Anhänger verzichten konnte.

Infolge der schlechten kriegswirtschaftlichen Lage und der damit verbundenen allgemeinen Materialknappheit wurde der Aufbau des Opel Blitz der Bauserie 1944 nicht mehr mit einer äußeren Stahlblechverkleidung versehen, sondern dieser nur noch aus Hartfaserplatten gefertigt.

Da das LLG bzw. LF 8 mit knapp 4000 gefertigten Exemplaren zu den meistgebauten getypten Feuerwehrfahrzeugen zählte, überlebten auch entsprechend viele die Kriegswirren. In den Jahren des Wiederaufbaus gehörten diese Fahrzeuge fest zum Einsatzbestand vieler Wehren. Vereinzelt selbst heute noch, kann man diese unverwüstlichen Fahrzeuge auf Dörfern im Einsatz antreffen. Naturgemäß hatten die Typen Daimler-Benz L 1500 S eine längere Lebensdauer, als die schon zu sehr als Provisorien anzusehenden Opel Blitz 3 t, die in den letzten Kriegsjahren gefertigt wurden.

Zu erwähnen wäre noch, daß LLG auch auf dem Fahrgestell Steyr 1500 mit Aufbauten der Firma Rosenbauer (Bild 55) hergestellt wurden.

2.2. Schwere Löschgruppenfahrzeuge (SLG, LF 15)

Bild Nr. 58: Daimler-Benz L 3000 F Schweres Löschgruppenfahrzeug (SLG/LF 15) Meyer-Hagen Aufbau, Bj. 1942

Bild Nr. 59: Daimler-Benz L 3000 F Schweres Löschgruppenfahrzeug (SLG/LF 15) Daimler-Benz Aufbau, Bj. 1943

Zur Ausrüstung der Löschgruppe in mittleren und großen Gemeinden war das Schwere Löschgruppenfahrzeug — SLG — besonders geeignet. Das Fahrzeug mußte die Löschgruppenbesatzung (1 + 8 Mann) sowie alle Geräte, die zum Einsatz der Gruppe erforderlich waren, mitführen. Die Bestückung war wesentlich reichhaltiger als beim LLG, wobei die mitgeführten größeren Schlauchmengen, die Schiebeleiter und verschiedene Rettungsgeräte hervorzuheben sind. Die Fahrzeugausrüstung wurde durch eine abprotzbare Schlauchhaspel ergänzt.

Der Fahrzeugtyp, der mit einer am hinteren Ende des Fahrgestells fest eingebauten und vom Fahrzeugmotor angetriebenen Feuerlöschpumpe von 1500 l/min und einem Wassertank von 400 l ausgebildet war, stellte im Grunde keine Neukonstruktion dar. Die Vorgängertypen waren die Kraftfahrspritzen

Bild Nr. 60: Klöckner-Humboldt-Deutz FS 330 Schweres Löschgruppen- fahrzeug (SLG/LF 15) Magirus-Aufbau, Bj. 1941

Bild Nr. 61: Opel Blitz 3 t LF 15 Schoeller-Bleckmann-Aufbau, Ternitz/Österreich, Bj. 1944

Bild Nr. 62: Opel Blitz 3 t Fliegerkraftspritze Flks 15 (LF 15/41), Bj. 1940

Bild Nr. 63: Klöckner-Humboldt-Deutz FS 330 Fliegerkraftspritze Flks 15 (LF 15/42), Bj. 1943

(KS) 15, die auf verschiedenen Fahrgestellen in den 30er Jahren als mittelschwere Löschfahrzeuge von der Industrie angeboten wurden.

Zur Verwendung kamen anfangs die getypten 3 t-Fahrgestelle Daimler-Benz L 3000 und Klöckner-Humboldt-Deutz (KHD) FS 330 (1942 in S 3000 umbenannt), die mit einem 80 PS wassergekühltem Dieselmotor ausgestattet waren, der die Fahrzeuge auf ca. 75 km/h beschleunigen konnte.

Mit dem Inkrafttreten des Runderlaß vom 30.4.1943 wurde das SLG in LF 15 umbenannt. Ab Ende 1943 wurde das LF 15 — ähnlich wie das LF 8 — nur noch auf dem Opel Blitz 3 t-Fahrgestell gefertigt. Der Aufbau war ebenfalls mit Hartfaserplattenverkleidung vereinfacht.

Aufbauten für das SLG/LF 15 wurden von vielen Herstellern gefertigt. Es waren insbesondere Daimler-Benz, Klöckner-Humboldt-Deutz, Metz, Meyer-Hagen, aber auch andere.

Das Reichsluftfahrtministerium ließ speziell für den Bedarf der Fliegerhorstfeuerwehren in der Leistungsgruppe des SLG eigene Konstruktionen entwickeln. Die als Fliegerkraftfahrspritze FlKs 15 (ab 1943 LF 15) bezeichneten Fahrzeuge ergänzten die Fahrzeugausstattung der Feuerschutzgruppen der Fliegerhorstfeuerwehren zum Löschzug. Bild 62 zeigt eine FlKs 15 (LF 15/41) auf Opel-Blitz 3 t-Fahrgestell. Hiervon wurden 130 Stück gefertigt. Der Nachfolgetyp, das LF 15/42, wurde in 300 Exemplaren auf dem KHD FS 330 3 t-Fahrgestell aufgebaut. Ein solches Fahrzeug zeigt Bild 63.

Die Schweren Löschgruppenfahrzeuge erfüllten die in sie gesetzten Erwartungen. Da von diesem Typ über 5000 Stück gefertigt wurden, wundert es nicht, daß diese Fahrzeuge noch viele Jahre nach Kriegsende zu den Hauptstützen in den Einsatzbeständen der Wehren zählten. Teilweise befinden sich diese Veteranen sogar heute noch im Dienst.

2.3. Große Löschgruppenfahrzeuge (GLG, LF 25)

Bild Nr. 64: MAN Typ D 1 Kraftfahrspritze KS 25 80 PS 7274 ccm, Bj. 1936

Das Große Löschgruppenfahrzeug — GLG — beförderte eine Löschgruppe von 1+8 Mann und war mit seiner 2500 l/min leistenden Feuerlöschpumpe besonders dazu geeignet, größere Brände in Stadtgebieten und Industrieanlagen zu löschen. Das zur Ausstattung großer Berufsfeuerwehren gehörende Fahrzeug war durch den mitgeführten Wasservorrat von zuletzt 1500 l und der Schnellangriffs- u. Schaumeinrichtung in der Lage, Entstehungsbrände oder Brände außerhalb der Gemeinden mit fehlender ortsfester

Bild Nr. 65: Büssing-NAG Kraftfahrspritze KS 25 105 PS 7413 ccm (bis 1977 in Aue/DDR im Einsatz), Bj. 1940

Bild Nr. 66: Daimler-Benz L 3750 Kraftfahrspritze KS 25 Koebe-Aufbau 100 PS (1981 noch im Einsatz), Bj. 1938

Löschwasserversorgung zu löschen. Im Gesamtaufbau und in der Raumaufteilung (Pumpeneinbau am Rahmenende des Fahrzeugs), glich das GLG dem Schweren Löschgruppenfahrzeug, wobei die feuerwehrtechnische Ausrüstung etwas umfangreicher gehalten war.

Zu den Vorläufern des GLG gehörten die ab 1934 vom Reichsluftfahrtministerium georderten Kraftfahrspritzen (KS) 25, die ab 1936 als Luftschutz-Kraftfahrspritzen (später LF 25/36) bezeichnet wurden. Sie wurden auf verschiedene schwere Lkw-Fahrgestelle der 3,5-4,5 t-Gewichtsklasse aufgebaut. Am häufigsten waren die Fahrgestelle des Daimler-Benz L 3750, das von einem 6 Zylinder Dieselmotor mit 100 PS Leistung angetrieben wurde, sowie das des Magirus M 145, dessen 6 Zylinder Diesel 125 PS Leistung erbrachte, vertreten. Aber auch andere Fahrgestelle, wie

Bild Nr. 67: Daimler-Benz L 3750 Kraftfahrspritze KS 25 Daimler-Benz-Aufbau 100 PS, Bj. 1939

Bild Nr. 68: Magirus FS 145 Kraftfahrspritze KS 25 Magirus-Aufbau 125 PS 9122 ccm (bis 1980 im Einsatz), Bj. 1940

z.B. MAN (Bild 64) und Büssing-NAG (Bild 65) sind mit Aufbauten für Luftschutz-Kraftfahrspritzen versehen worden. Diese schweren Feuerlöschfahrzeuge mit sehr hoher Pumpenleistung wurden speziell für den Bedarf großer Luftschutzorte, wo zu erwarten war, daß große Wassermengen benötigt und gleichzeitig größere Saughöhen überwunden werden mußten, beschafft.

Der für den Schnellangriff mitgeführte Wasservorrat betrug zunächst nur um die 300 l. In der letzten technisch verbesserten, aber weiter vereinfachten Ausführung als LF 25/43 (Umbenennung ab 30.4.1943), verfügte es immerhin über 1500 l Wasser. Neben dem Daimler-Benz L 4500-Fahrgestell, das ab ca. 1941 in immer stärkeren Maße verwandt wurde, nahm man auch die Klöckner-Humboldt-Deutz (KHD) S 4500 Einheits-Fahrgestelle. Zur Herstellung der Aufbauten und der feuerwehrtechnischen Ausrüstung wurden besonders die Firmen Daimler-Benz, KHD und Metz herangezogen.

Von allen Ausführungen des KS/LF 25 wurden weit über 3000 Stück abgeliefert. Nach Kriegsende waren noch viele dieser leistungsfähigen Fahrzeuge vorhanden und gehörten weiterhin zum Einsatzbestand der größeren Wehren. Es wurde allgemein aber als zu groß und zu schwer angesehen, zumal die Kriegserfahrungen eindeutig gezeigt hatten, daß so hohe Pumpenleistungen nur sehr selten in der Praxis ausgenutzt werden konnten. Das hatte zur Folge, daß in den ersten Nachkriegsjahren dieser Löschfahrzeugtyp — von wenigen Versuchsexemplaren, die größtenteils in den Export gingen einmal abgesehen — nicht mehr auftauchte. Heute werden wieder Löschfahrzeuge mit hohen Pumpenleistungen gebaut. Die große Ausmusterungswelle von Mitte bis Ende der 60er Jahre, die die älteren Fahrzeugbestände der großen Berufswehren erfaßte, verdrängte das LF 25 fast vollständig aus ihrem Bestand, bis auf ganz wenige Ausnahmen, wo man die hohe Pumpenleistung für Sonderfälle nutzen wollte. Heute befinden sich nur noch ganz wenige Exemplare bei zumeist kleineren Wehren im Einsatz. Die meisten der heute noch vorhandenen Fahrzeuge dieser Größenordnung sind bei Sammlern anzutreffen.

Diese großen Fahrzeuge mit ihren langen gewaltigen Motorhauben bieten dem Betrachter einen imponierenden Anblick und gehören zweifellos mit zu den schönsten Feuerwehrfahrzeugen, die je gebaut wurden. Für mich als Fahrzeugliebhaber ist die Bezeichnung ,,LF 25'' fast wie ein Zauberwort, das es mir leicht macht, auch große Entfernungen zu überwinden, wenn ich — was heute selten genug vorkommt — von einem mir noch nicht bekannten Exemplar höre.

Bild Nr. 69: Daimler-Benz L 4500 F Großes Löschgruppenfahrzeug (GLG/LF 25) Metz-Aufbau (bis 1977 im Einsatz), Bj. 1942

Bild Nr. 70: Daimler-Benz L 4500 F Großes Löschgruppenfahrzeug (GLG/LF) Magirus-Aufbau, Bj. 1942

Bild Nr. 71: Klöckner-Humboldt-Deutz S 4500 Großes Löschgruppenfahrzeug (GLG/LF 25) Magirus-Aufbau 125 PS, Bj. 1942

Bild Nr. 72: Opel Blitz 1 t Leichte Drehleiter (LDL/DL 17) Magirus-Aufbau 55 PS 2473 ccm 3310 kg Gesamtgew., Bj. 1938

Bild Nr. 73: Daimler-Benz L 1500 Leichte Drehleiter (LDL/DL 17) Metz-Aufbau, Bj. 1940

2.4. Drehleitern

Die Entwicklung der getypten Drehleitern verlief fahrgestellmäßig in Anlehnung an die Löschgruppenfahrzeuge, die in den vorangegangenen Kapiteln beschrieben wurden. Die Leichte Drehleiter — LDL — zählte zur Größenklasse des LLG bzw. LF 8 und wurde auf die gleichen Fahrgestelle aufgebaut. Der dreiteilige 17 m-Leitersatz, der in elektrisch geschweißter Ganzstahlbauweise ausgeführt war, wurde mechanisch mittels Handkurbeln bewegt. Die ab 30.4.1943 als DL 17 bezeichneten Leitern wurden ab Ende 1943 mit dem Auslaufen der Produktion des Daimler-Benz L 1500 S nicht mehr gebaut.

Während die LDL vorzugsweise zur Ausrüstung der Feuerwehren kleiner Gemeinden diente, zählte der nächstgrößere Typ, die SDL zum Fahrzeugbestand größerer Städte. In der ersten Zeit kamen die 3 t-Fahrgestelle des Daimler-Benz L 3000 und KHD FS 330, ab 1941 verstärkt aber auch solche mit 4,5 t-Tragfähigkeit (DB L 4500 und KHD S 4500) zur Verwendung. Die vierteilige 22 m-Leiter wurde mechanisch angetrieben. Eine Handschiebeleiter von 2 m Länge und eine Halterung für ein Wendestrahlrohr am Leiterende ergänzten die Ausrüstung. Ab 1943 wurden diese Fahrzeuge als DL 22 bezeichnet. Auch dieser Typ war mit einem Truppführerhaus ausgerüstet.

Die Große Drehleiter —GDL— kam wegen ihrer Größe nur für Großstadtwehren in Betracht. Als Fahrgestelle dienten die gleichen wie beim GLG, nämlich DB L 4500 und KHD S 4500. Die Stahlleiter war fünfteilig und hatte eine Länge von 32 m, die zusätzlich durch einen 2 m Handauszug verlängert werden konnte.

Im Vergleich zu den Löschgruppenfahrzeugen wurden Drehleitern nur in geringen Stückzahlen geliefert. Am häufigsten war die DL 22 auf Daimler-Benz L 4500-Fahrgestell vertreten, die auch an die Luftwaffe geliefert wurde. Hin und wieder kann man auch heute noch diese soliden Fahrzeuge im Einsatz antreffen.

Bild Nr. 74: Daimler-Benz L 1500 S Leichte Drehleiter (LDL/DL 17) Metz-Aufbau (1984 noch im Einsatz), Bj. 1943

Bild Nr. 75: Daimler-Benz L 1500 S Leichte Drehleiter (LDL/DL 17) Metz-Aufbau, Bj. 1942

Bild Nr. 76: Daimler-Benz L 4500 F Schwere Drehleiter (SDL/DL 22) Magirus-Aufbau (1985 noch im Einsatz), Bj. 1943

Bild Nr. 77: Klöckner-Humboldt-Deutz S 4500 DL 22 Magirus-Aufbau, Bj. 1944

Bild Nr. 78: Klöckner-Humboldt-Deutz S 4500 DL 22 (Staffelkabine!) Magirus-Aufbau (heute noch im Einsatz), Bj. 1943

Bild Nr. 79: Klöckner-Humboldt-Deutz S 4500 DL 32 130 PS 7983 ccm Metz-Aufbau, Bj. 1943

Bild Nr. 80: Opel Blitz 3 t TLF 15 Magirus-Aufbau, Bj. 1944

2.5. Sonstige Fahrzeuge

Einige wichtige Arten aus der typisierten Löschfahrzeugreihe sind bisher noch nicht angesprochen worden. Dazu gehörten in erster Linie die Schlauchwagen SSK (Schwerer Schlauchkraftwagen), später als S 3 bezeichnet (Bild 81), für rund 1500 m Druckschläuche und GSK (Großer Schlauchkraftwagen) bzw. S 4,5, der ungefähr 2000 m Schlauchmaterial befördern konnte. Besondere Bedeutung erlangten diese auf 3 bzw. 4,5 t-Fahrgestellen aufgerüsteten Fahrzeuge im Reichsgebiet, wo für den Luftschutz große Schlauchmengen benötigt wurden.

Neu geschaffen wurde auf Veranlassung des Reichsluftfahrtministeriums als Sonderfahrzeug eine Tankkraftspritze (Bild 80) auf dem 3 t-Einheitsfahrgestell des Opel Blitz mit einem Wasserbehälter von 2500 l und einer Pumpenleistung von 1500 l/min. Der große Wasservorrat und die Schnellangriffseinrichtung ermöglichte es diesen Fahrzeugen, kleinere Brände selbständig abzulöschen. Diese Fahrzeuge, für die es praktisch keine Vorgängertypen gab, bewährten sich im Bombenkrieg ganz hervorragend und standen allerdings erst ab Mitte 1943 in viel zu kleinen Stückzahlen zur Verfügung, um den hohen Bedarf decken zu können. Die mit einer Truppkabine und unverkleidetem Löschwassertank ausgebildeten Fahrzeuge wurden teilweise mit Allradantrieb geliefert und später als TLF 15 bezeichnet.

Zumindest erwähnt werden sollen in dieser Rubrik die verschiedenen Sonderlöschfahrzeuge, die von der Luftwaffe für die Ausstattung der Feuerschutzgruppen der Fliegerhorstfeuerwehren beschafft wurden. Die Fliegerkraftfahrspritzen wurden bereits im Kapitel 2.2. erwähnt. In großen Stückzahlen wurden schon ab 1936 Flugplatztankspritzen (TS 2,5) auf dem geländegängigen Henschel 3-Achser und ab Ende 1943 der Nachfolgetyp das TLF 25/43 auf Daimler-Benz L 4500, sowie Schlauchtender geliefert.

Bild Nr. 81: Klöckner-Humboldt-Deutz FS 330 Schlauchwagen S 3 Magirus-Aufbau, Bj. 1942

Bild Nr. 82: Horch mittl. Einheits-Pkw Typ 40 80 PS Tragkraftspritzenfahrzeug-Eigenumbau, Bj. 1940

Bild 83: Steyr 1500 A Tragkraftspritzenfahrzeug Eigenumbau, Bj. 1938

3. Nachkriegsumbauten auf alten Fahrgestellen

Der letzte Krieg ließ auch bei den Feuerwehren ein Chaos zurück. Er hatte in die Fahrzeugbestände sehr große Lücken gerissen, denn über die Hälfte der Fahrzeuge waren verloren gegangen. Als man in den Sommermonaten des Jahres 1945 daran ging, eine Bestandsaufnahme der noch vorhandenen Fahrzeuge und Geräte zu machen, bot sich ein trostloses Bild. Viele der überlebenden Fahrzeuge waren reparaturbedürftig, abgewirtschaftet und nicht zuletzt durch Bomben und Beschuß mehr oder weniger stark beschädigt. Hinzu kam, daß die Besatzungsmächte so manches Fahrzeug für ihre Zwecke beschlagnahmten. Dabei griffen sie selbstverständlich

Bild 84: NSU-Kettenkrad (ex. Wehrmachtsfahrzeug), Bj. 1941

Bild Nr. 85: Opel Blitz 1,5 t Tragkraftspritzenfahrzeug (ex. Polizei), Bj. 1942

Bild Nr. 86: Opel-Blitz 1 t Lastkraftwagen 55 PS, 1938

Bild Nr. 87: Daimler-Benz L 1500 LLF Rosenbauer-Aufbau Vorbaupumpe nachträglich angebaut, Bj. 1941

Bild Nr. 88: Daimler-Benz L 1500 LLF Magirus-Aufbau Vorbaupumpe nachträglich angebaut, Bj. 1941

auf die Fahrzeuge zurück, die sich technisch noch im besten Zustand befanden. Aus der Not heraus wurden in dieser Zeit viele Feuerwehrwagen versteckt, um sie vor fremden Zugriff zu schützen. Als sich die Zeiten wieder normalisierten, holte man sie wieder hervor. Auch heute noch kann man von den Wehrmännern ab und an solche Geschichten hören. Das auf Bild 60 gezeigte Klöckner-Humboldt-Deutz LF 15, das heute noch bei der FF Kappeln/Schlei in hervorragendem Pflegezustand seinen Dienst verrichtet, ist ein solches Beispiel. Das ehemals der Marine gehörende Fahrzeug wurde nach Kriegsende vor den Engländern verborgen.

Der akute Fahrzeugmangel erforderte schnelle Abhilfe. Neue Fahrzeuge standen in den ersten Nachkriegsjahren nicht zur Verfügung. Man reparierte und improvisierte, wo es eben machbar war. Was lag näher, als

Bild Nr. 89: Daimler-Benz L 1500 S MTW/Lkw Eigenumbau (1984 noch im Einsatz), Bj. 1941

Bild Nr. 90: Austro-Daimler ADFK Geländewagen als Panzerwagen für Kaiser Haile Selassi vorgesehen — jetzt FF Bruck/Mur Österreich, Bj. 1940

Bild Nr. 91: Steyr 640 6x6 LLF 55 PS, Bj. 1938

Bild Nr. 92: Steyr 1500 A LLF Eigenumbau (Notstromaggregat als Vorbau), Bj. 1944

nach Fahrzeugen Ausschau zu halten, die man für Feuerwehrzwecke umbauen und einsetzen konnte? Neben Pritschen-und Kastenwagen aller Art aus dem zivilen Bereich, griff man auch auf das große Potential ehemaliger deutscher Militärfahrzeuge zurück. So manches Fahrzeug wurde nach geringfügigen Umbauten (z.B. Aufbau von Leiterhalterungen) nahezu unverändert übernommen und in Dienst gestellt. Die meisten dieser Provisorien sind mittlerweile verschrottet. Zu den wenigen Überlebenden zählen die auf den Seiten 37 und 38 abgebildeten Fahrzeuge. Bild 82 zeigt einen seltenen Horch mittl. Einheits-Pkw, der 1946 von einer Betriebsfeuerwehr in Österreich zu einem Löschfahrzeug umgebaut wurde und bis heute zuverlässig seinen Dienst verrichtet. Gerne verwandte man auch die robusten Opel Blitz 3-Tonner wie z.B. den ehemaligen Wehrmacht-Funkkofferwagen (Bild 109), der von einer österreichischen Wehr bei einer Kilometerleistung von unter 3000 übernommen und mit einer Tragkraftspritze und einigen Löschgeräten ausgerüstet wurde. Der Wagen — äußerlich bis auf den roten Anstrich nahezu unverändert — befindet sich praktisch im Erstzustand und wird immer noch eingesetzt.

Bild Nr. 93: Opel Blitz 3 t Allrad TLFA 2000 Rosenbauer-Umbau 1952, Bj. 1942

Bild Nr. 94: Opel-Blitz 3 t LLF Rosenbauer-Umbau 1950, Bj. 1943

Bild Nr. 95: Opel-Blitz 3 t LLF Rosenbauer-Umbau 1959, Bj. 1943

Bild Nr. 96: Opel-Blitz 3 t LLF Rosenbauer-Umbau (1985 noch im Einsatz), Bj. 1942

Bild Nr. 97: Opel-Blitz 3 t MTW-Eigenumbau (ex. Lkw) (1985 noch im Einsatz), Bj. 1945

Bild Nr. 98: Opel Blitz 3 t LF 15 Magirus-Aufbau (Nachkriegsumbau) Allrad, Bj. 1943

Bild Nr. 99: Opel Blitz 3 t LF 15 (Staffelführerhaus) Bachert-Aufbau Allrad, Bj. 1944

Bild Nr. 100: Opel Blitz 3 t LF 15 Magirus-Aufbau (Nachkriegsumbau), Bj. 1942

Sehr viele Löschfahrzeuge aus der Kriegsgeneration wurden mehr oder weniger für neue Verwendungszwecke umgebaut. Die Bilder 87 u. 88 zeigen Leichte Löschgruppenfahrzeuge, die nachträglich mit einer Vorbaupumpe versehen wurden. Besonders die österreichische Firma Rosenbauer baute Anfang der 50er Jahre sehr viele Löschgruppenfahrzeuge und auch Tanklöschfahrzeuge auf alte Opel Blitz-Fahrgestelle auf. Es ist heute kaum noch zu klären, welchem Verwendungszweck die Fahrzeuge ursprünglich gedient hatten. Die Tanklöschfahrzeuge wurden, ähnlich wie die im Krieg entwickelten TLF 15, mit offenliegenden 1500—1700 l-Wassertanks ausgerüstet. Die Fahrer- u. Mannschaftskabine war aber für eine Löschstaffel (1 + 5 Mann) ausgebildet. Bild 105 zeigt eine ehemalige Tankkraftspritze TLF 15, deren offener Aufbau 1960 verkleidet wurde. Dieser gut gepflegte Wagen war 1984 noch bei der FF. Mötz (Österreich) im Einsatz. Ein sehr seltener und interessanter Wagen ist auf Seite 44 (Bild 107) zu sehen. Ein LF 25 auf Daimler-Benz L 4500, wurde 1953 von der Firma Metz mit dem damals aktuellen Omnibusaufbau versehen und zum TLF 25 umgerüstet. Das Fahrzeug befand sich zum Zeitpunkt der Aufnahme allerdings schon außer Dienst.

Auf Seite 47 werden zwei Drehleitern gezeigt, die auf Kriegsfahrgestelle aufgebaut wurden. Auf Bild 117 ist ein Daimler-Benz L 4500 zu sehen, der ursprünglich wohl als LF 25 verwendet wurde. Anfang der 60er Jahre wurde darauf ein 30 m-Leiterpark (neues Leiterprofil) von Magirus aufgesetzt. Das Staffelführerhaus gestaltete man ebenfalls nach moderneren Gesichtspunkten um. Die Drehleiter gehörte anfangs zum Bestand der Berufsfeuerwehr Wien und wurde in den 70er Jahren an eine freiwillige Feuerwehr verkauft.

Bild Nr. 101: Opel Blitz 3 t (3,6-42) TLF 1600 Rosenbauer-Umbau 1947, Bj. 1938

Bild Nr. 102: Opel Blitz 3 t TLF 1700 Rosenbauer-Nachkriegsumbau, Bj. 1944

Bild Nr. 103: Opel Blitz 3 t TLF 1500 Rosenbauer-Nachkriegsumbau, Bj. 1943

Bild Nr. 104: Opel Blitz 3 t Schaumlöschfahrzeug 2000 l (Eigenumbau), Bj. 1944

Bild Nr. 105: Opel Blitz 3 t TLF 15 Magirus-Aufbau (Eigenumbau 1960) 1985 noch im Einsatz, Bj. 1944

Bild Nr. 106: Daimler-Benz L 3000 F TLF 2500 Eigenumbau (ex. LF 15), Bj. 1942

Bild Nr. 107: Daimler-Benz L 4500 F TLF 25 Metz-Umbau 1954 (ex. LF 25) 11150 kg Gesamtgew. 120 PS, Bj. 1943

Bild Nr. 108: Daimler-Benz L 4500 F TLF 25 Bachert-Umbau 1955 (ex. LF 25), Bj. 1943

Bild Nr. 109: Opel Blitz 6700 A (3 t) Gerätewagen/Tragkraftspritzenfahrzeug (ex. Funkkoffer Wehrmacht Heer), Bj. 1943

Bild Nr. 110: MAN ML 4500 TLF 7000 Eigenumbau, Bj. 1944

Bild Nr. 111: Opel Blitz 3 t Wasserrettungswagen (Eigenumbau), Bj. 1944

Bild Nr. 112: Daimler-Benz L 701 (Lizenzbau) Lkw, Bj. 1948

Bild Nr. 113: Daimler-Benz L 3000 F Lkw (ex. LF 15) Umbau 1972, Bj. 1943

Bild Nr. 114: Daimler-Benz L 4500 F Rüstwagen (Nachkriegsumbau) Rosenbauer (ex. LF 25), Bj. 1944

Bild Nr. 115: Opel Blitz 3 t MTW/Gerätewagen (Eigenumbau) 1985 bei der FF Chiasso/Schweiz im Einsatz, Bj. 1941

Bild Nr. 116: Opel Blitz 3 t DL 17 Metz-Aufbau 1951 Fahrgestell ist älter

Bild Nr. 117: Daimler-Benz L 4500 D DL 30 Magirus-Umbau 1961, Bj. 1942

Bild Nr. 118: Canada-Ford MTW (ex. Brit. Armee), Bj. 1944

Bild Nr. 119: Morris 1 t LLF 70 PS 2199 ccm Umbau 1955 (ex. Brit. Armee), Bj. 1943

4. Militär-, Polizei- und artverwandte Fahrzeuge in Feuerwehrdiensten

Im Kapitel 3 wurde über Fahrzeugumbauten berichtet, die auf den verschiedenartigen Fahrgestellen deutscher Herkunft der Kriegs- u. Vorkriegsepoche nach 1945 entstanden sind. Eine nicht minder große Gruppe von Fahrzeugen, die ähnlich neuen Verwendungszwecken zugeführt wurden, betraf die vielen Militärfahrzeuge aus dem großen Fahrzeugpotential der westalliierten Streitkräfte. Die zumeist sehr robusten Fahrzeuge wurden in den vorhandenen Stückzahlen nun nicht mehr benötigt und ein kleinerer Teil durch Abgabe an Feuerwehren nach entsprechenden Umbauten in den Einsatzdienst

Bild Nr. 120: Fordson TLFA 3000 Eigenumbau (ex. Brit. Armee), Bj. 1943

Bild Nr. 121: Chevrolet Tanklöschfahrzeug Aufbau Kemmer, Tilburg (ex. Brit. Armee), Bj. 1942

Bild Nr. 122: Dodge WC 52 6 x 6 DL 18 m Seethaler-Leiter (ex. US-Army), Bj. 1945

Bild Nr. 123: Dodge WC 52 SW 2000 76 PS 3772 ccm Eigenumbau (ex. US-Army), Bj. 1945

Bild Nr. 124: GMC CCKW 353 TLF 16 S 4000 l-Wassertank Nachkriegsumbau (ex. US-Army), Bj. 1943

Bild Nr. 125: Diamond 969 A 6 x 6 Kranwagen 10 t 11.300 kg Gesamtgewicht (ex. US-Army), Bj. 1953

übernommen. Nicht nur deutsche Wehren, sondern nahezu alle Länder Mitteleuropas profitierten von den zumeist günstig abgebenen Fahrzeugen. Zum größten Teil wurden sie von kleineren Wehren, vielfach auf dem Lande, ausgerüstet. Da für manche Feuerwehr solch ein Fahrzeug das erste Motorfahrzeug überhaupt war, erhöhten diese zudem meist voll geländetauglichen Wagen die Mobilität dieser Wehren beträchtlich. Diese Fahrzeuge stammten von der amerikanischen, in geringerem Umfange aber auch von der britischen Armee. Nach dem Kriege wurden fast alle neuaufzurüstenden mitteleuropäischen Nato-Armeen mit einer großen Zahl dieser Fahrzeuge (auch mit Nachkriegsproduktionen) ausgerüstet. Nachdem sie dort ausgesondert wurden, ging wiederum ein Teil der Fahrzeuge über diesen Umweg an die Feuerwehren. Das bezieht sich auch auf Fahrzeuge der deutschen Bundeswehr. Von der britischen Armee stammten besonders Typen wie Morris 1 t (Bild 118 u. 121). Die US-Armee steuerte neben dem Willys-Jeep (Bild 129) und Dodge WC 52 als nächstgrößeres Fahrzeug (Bild 123 u. 130) auch viele GMC CCKW 353 (Bild 124, 126 u. 127) bei, die mit den verschiedenartigsten Aufbauten (Bild 126 zeigt ein von der österreich. Firma Rosenbauer karossiertes Tanklöschfahrzeug) versehen wurden. Aber auch viele Kran- u. Bergefahrzeuge wurden an Feuerwehren abgegeben. Die Unverwüstlichkeit dieser Fahrzeuge läßt auch heute noch einige ihren Dienst verrichten.

Die meisten Fahrzeuge aus den ersten Nachkriegsjahren sind mittlerweile bis auf wenige Ausnahmen ausgemustert.

Auch in den 50er und 60er Jahren hielt die Nachfrage vieler Wehren des In- und Auslandes nach ausgesonderten Militärfahrzeugen weiter an.

Bild Nr. 126: GMC CCKW 353 TLF 2200 Pumpe 750 l/min. Rosenbauer-Umbau 1960 (ex. US-Army), Bj. 1945

Bild Nr. 127: GMC CCKW 353 Rüstfahrzeug Eigenumbau (ex. US-Army), Bj. 1943

Bild Nr. 128: GMC-Eigenumbau TLF 16 Fahrzeug entstand aus Teilen verschiedener Lkw, Tank stammt von einer Flugplatz-Tankspritze Henschel TS 2,5, Baujahr d. Fahrgestells 1942

Bild Nr. 129: Willys Jeep Mannschaftstransporter (ex. US-Army), Bj. 1944

Bild Nr. 130: Dodge WC 52 Rüstfahrzeug (ex. US-Army, Bj. 1945

Bild Nr. 131: REO-Diamond Kranwagen (ex. US-Army), Bj. 1943

Bild Nr. 132: International M 62 6 x 6 Kranwagen 12 t (ex. US-Army), Bj. 1953

Bild Nr. 133: Dodge D 15 TLF 1000/Rüstfahrzeug — Eigenumbau 87 PS 3200 ccm (ex. US-Army), Bj. 1938

Bild Nr. 134: Südwerke LG 45 LF 25 Metz-Aufbau 75 PS 7844 ccm an US-Army geliefert — 1985 noch bei einer FF im Dienst, Bj. 1949

Bild Nr. 135: Ford G 790 LF 20 (umgebaut zum TLF 8/10) Metz-Aufbau 90 PS 3900 ccm 6250 kg Leergewicht (ex. US-Army), Bj. 1951

Bild Nr. 136: Daimler-Benz LAF 3500/42 TLF 16/28 Metz/Geens-Aufbau (ex. FLF der US-Army), Bj. 1954

Bild Nr. 137: Magirus-Deutz S 6500 FLF 25 2500 l-Wasser, 250 l-Schaum Magirus-Aufbau 175 PS (FLF der US-Army), Bj. 1954

Bild Nr. 138: Magirus-Deutz S 3500 A TLF 15 — S 7 (ex. US-Army) Magirus-Aufbau, Bj. 1954

Bild Nr. 139: Daimler-Benz LAF 312/42 FLF 25 Metz-Aufbau 2000 l-Wasser, 200 l-Schaum, 250 kg. Pulver (ex. US-Army), Bj. 1958

Bild Nr. 140: Magirus-Deutz S 3500 TLF 16/20 Magirus-Aufbau (ex. FLF der US-Army), Bj. 1953

Bild Nr. 141: Borgward B 2500 A Gerätewagen-Atemschutz (GWA) Eigenumbau (ex. Brit. Rheinarmee), Bj. 1955

Die deutsche Bundeswehr begann ab ca. Mitte der 60er Jahre diejenigen Fahrzeuge zu veräußern, die für den Einsatzdienst überaltert waren. Für Feuerwehrzwecke besonders geeignet waren von der Vielzahl an Typen die leichteren Modelle wie Borgward B 2000 A/O (Bild 144 u. 145) und Unimog S 404 (Bild 147). Erstere, zumeist der Baujahre 1956—58, trifft man auch heute noch relativ häufig zum TSF, MTW oder Gerätewagen umgebaut bei den Wehren an. In dieses Kapitel sollen auch Löschfahrzeuge aufgenommen werden, die auf Rechnung verschiedener Nato-Staaten — zumeist für Dienste auf Militärflugplätzen — von westdeutschen Aufbauherstellern geliefert wurden und vielfach nach deren Ausmusterung durch Verkauf an Feuerwehren gelangten. Metz lieferte Anfang der 50er Jahre eine Serie LF 20/25 auf verschiedene Südwerke und Ford-Fahrgestelle

Bild Nr. 142: Daimler-Benz LA 4500/42 Comet-Teleskopbühne Aufbau Vanassche (ex. Radarwagen der Brit. Armee), Bj. 1954

(Bild 134, 135). Flugplatzlöschfahrzeuge wurden von Metz später auf Daimler-Benz L 3500/311 — Fahrgestelle, von Magirus-Deutz auf KHD S 3500/F 125 Mercur, vereinzelt aber auch auf schwerere Fahrgestelle (Bild 137) aufgebaut. Zu einer gewissen Bedeutung gelangten die Löschfahrzeuge der Bundeswehr auf Magirus-Deutz und Daimler-Benz LG 315-Fahrgestellen.

Fahrzeuge des Bundesgrenzschutzes, hier vor allem Hanomag AL 28 und solche aus Polizeieinheiten, besonders der Bereitschaftspolizei, ergänzten ebenfalls die Bestände der Feuerwehren. Beliebt waren und sind die sog. Wasserwerfer, da sie nach geringen Umbauten als preiswerte Tanklöschfahrzeuge verwandt werden können.

Zum Abschluß dieses Kapitels soll zum Ausdruck gebracht werden, daß nach Ansicht des Autors allgemein den auf Fahrgestellen

Bild Nr. 143: Daimler-Benz LA 3500/36 Tanklöschfahrzeug Pumpe 2000 l/min, 3000 l-Wasser Vanassche-Aufbau (ex. Brit. Armee), Bj. 1955

Bild Nr. 144: Borgward B 2000 A/O GW/MTW mit FP 8/8 Eigenumbau (ex. Bundeswehr), Bj. 1958

Bild Nr. 145: Borgward B 2000 A/O Gerätewagen Eigenumbau (ex. Bundeswehr), Bj. 1956

Bild Nr. 146: Daimler-Benz LG 315/46 TLF 24/24 13250 kg Gesamtgewicht 145 PS (ex. Bundeswehr), Bj. 1958

Bild Nr. 147: Unimog S 404 LF 8 Eigenumbau (ex. Bundeswehr), Bj. 1959

Bild Nr. 148: Borgward B 2500 A MTW/Lkw (ex. Bundeswehr), Bj. 1955

Bild Nr. 149: Daimler-Benz LA 311/36 Einsatzleitwagen (ELW 3) Eigenumbau (ex. Bundeswehr), Bj. 1956

Bild Nr. 150: Borgward B 555 Küchenwagen, Bj. 1958

Bild Nr. 151: Magirus-Deutz 125 Mercur Wassertankwagen 4000 l (ex. Polizeiwasserwerfer), Bj. 1962

Bild Nr. 152: Büssing L 4000 Unterflur Wassertankwagen 3800 l (ex. Polizeiwasserwerfer) 100 PS 5391 ccm, Bj. 1953

Bild Nr. 153: Hanomag L 28 G Tragkraftspritzenfahrzeug (ex. Bereitschaftspolizei), Bj. 1953

Bild Nr. 154: Hanomag L 28 G MTW Hebmüller-Aufbau (ex. Bundesgrenzschutz), Bj. 1953

Bild Nr. 155: Hanomag AL 28 B Gerätewagen-Öl (ex. Polizei), Bj. 1963

Bild Nr. 156: Hanomag AL 28 Gerätewagen Wasser (ex. Polizei) (Eigenumbau), Bj. 1963

Bild Nr. 157: Opel Blitz 1,75 t LF 8 Voll-Aufbau (ex. Polizei), Bj. 1959

Bild Nr. 158: Daimler-Benz LA 311/36 Tragkraftspritzenfahrzeug, Blumhardt-Aufbau Eigenumbau (ex. Polizei), Bj. 1958

Bild Nr. 159: Daimler-Benz Lko 6600 Wassertankwagen 5000 l, Bj. 1953

in Eigenregie auf- oder umgebauten Feuerwehrfahrzeugen eine größere Bedeutung zugestanden werden sollte, als ihnen bislang eingeräumt wurde. Große Wehren beschaffen natürlich fast ausschließlich die von Feuerwehraufbauherstellen karossierten Fahrzeuge, bei kleinen, oftmals finanzschwachen Wehren, und vor allem bei den nicht an die Normen und Zuschüsse gebundenen Werk- u. Betriebsfeuerwehren, ist die Situation vielfach anders. Sie sind auf preiswerte Käufe angewiesen; Umbauten werden dabei in Kauf genommen — auch heute noch! Verschiedentlich werden auch Fahrzeuge von größeren Wehren oder auch ausgemusterte bundeseigene Fahrzeuge übernommen. Denn die bei Berufsfeuerwehren nach 10—15 Dienstjahren ausscheidenden, meist technisch noch voll einsatzfähigen Wagen, wandern noch lange nicht in den Schrott.

Bild Nr. 160: Magirus-Deutz S 3500 A Wassertankwagen 2400 l (ex. Polizeiwasserwerfer), Bj. 1955

Bild Nr. 161: Ostner Rex 4 KLF/TS 8/8 38 PS 1172 ccm, Bj. 1954

5. Nachkriegsfahrzeuge

Die Anfangsschwierigkeiten, mit denen die Feuerwehren nach Kriegsende zu kämpfen hatten, wurden bereits in den vorangegangenen Kapiteln geschildert. Daß für die Feuerwehren eine Zeitepoche zu Ende gegangen war, drückte sich nicht zuletzt in der Farbgebung der Fahrzeuge aus: neue Fahrzeuge wurden wieder in roter Lackierung geliefert und die alten noch vorhandenen Bestände so bald es die Zeit und die Umstände erlaubten vom ,,Polizeigrün'' auf rot umlackiert. 1955, als sich die Zeiten schon langsam wieder normalisiert hatten, wurde die Norm DIN 14530 als Vornorm für Löschfahrzeuge erlassen, der 1957 eine neue Norm für Drehleitern folgte.

Die Einhaltung der Normen kann allerdings, im Gegensatz zu der Zeit bis 1945, nicht mehr erzwungen werden. Es sind aber nur diejenigen Fahrzeuge zuschußberechtigt, die den Normbestimmungen entsprechen. Aus Platzgründen soll auf die einzelnen Normbestimmungen nicht eingegangen werden. Nachstehend werden die gebräuchlichsten Fahrzeuge der Feuerwehren, die bis Anfang der 60er Jahre beschafft wurden, in Wort und Bild beschrieben.

Bild Nr. 162: Opel Blitz 1,75 t KLF 6 Metz-Aufbau 62 PS, Bj. 1955

5.1. Tragkraftspritzenfahrzeuge und sonstige Fahrzeuge dieser Leistungsgröße

Bild Nr. 163: Ford Fk 1250 TSF 55 PS, Bj. 1965

Die kleinste motorisierte Löscheinheit, das TSF, wurde aus der Not der Nachkriegszeit heraus neuentwickelt, um die überall zahlreich vorhandenen Tragkraftspritzen befördern zu können. Während früher geeignete Fahrgestelle nicht zur Verfügung gestanden hatten, verwandte man nun die neu auf den Markt gekommenen Transporter, deren Tragfähigkeit zwar ausreichte, um die Tragkraftspritze und ein Mindestmaß an Ausrüstung mitzuführen, aber keine vollständige Gruppenbesatzung. Das war für ländliche Verhältnisse auch ausreichend, eilten doch auf dem Lande die Feuerwehrmänner meist direkt zur Brandstelle. Die Tragkraftspritzenfahrzeuge stellten in der Anschaffung die preisgünstigste Lösung eines motorisierten Feuerwehrfahrzeugs dar und bewährten sich so gut, daß sie maßgeblich dazu beitrugen, die oft von Traktoren gezogenen Tragkraftspritzenanhänger oder anderweitig beweglich gemachte Tragkraftspritzen abzulösen und die kleinen Wehren beweglicher zu machen.

Während das TSF einer Löschstaffel (1 + 5 Mann) Platz bot, konnte das TSF-T, das ebenso wie das TSF über eine Tragkraftspritze TS 8/8 verfügte, nur einen Löschtrupp (1 + 2 Mann) aufnehmen.

Bild Nr. 164: Ford Fk 1000 TSF, Bj. 1954

Bild Nr. 165: Ford Fk 1250 TSF Gugg-Pumpe, Bj. 1956

Bild Nr. 166: VW Typ 24 TSF Metz-Aufbau, Bj. 1959

Bild Nr. 167: DKW F 89 L KLF (Tro LF 250) 20 PS, Bj. 1952

Bild Nr. 168: DKW F 800 TSF/GW-Öl Metz-Aufbau, Bj. 1956

Als Basisfahrzeuge wurden handelsübliche Transporter wie der VW ,,Bulli'' — wegen der geringeren Tragkraft nur als TSF-T — und der Ford Transit Fk 1000/1250 verwendet. Vereinzelt rüstete man aber auch Kastenwagen anderer Hersteller zu TSF aus. Typische Nachkriegs-Eigenumbauten, d.h. von den Wehren in Selbsthilfe auf- oder umgebaute Löschfahrzeuge, waren ebenfalls darunter.

Besonders interessant ist das auf Bild 169 gezeigte Löschfahrzeug einer holländischen Wehr, das eine deutsche Dorffeuerwehr von dort übernommen und mit einer TS 8/8 und anderen Löschgeräten ausgerüstet hatte. Das Fahrzeug befindet sich noch heute im Einsatz, entspricht aber nicht den Normbestimmungen für Tragkraftspritzenfahrzeuge, schon allein wegen seiner Größe.

Zur gleichen Kategorie zählt der ehemalige Opel-Blitz-Lieferwagen (Bild 170), der durch entsprechende Umrüstung in den Zustand eines Feuerwehrfahrzeugs versetzt wurde. Der Anfang der 50er Jahre unternommene Versuch eine ,,Zwischengröße'' zum LF 8 mit Löschstaffelbesatzung (das KLF 6) einzuführen, konnte sich aber nicht durchsetzen. Ein Hauptgrund war auch, daß für das KLF 6 die gleichen Fahrgestelle wie für das größere LF 8 benötigt wurden und die Fahrzeuge zu kostenaufwendig machte. Zwei Ausführungen, ein Opel-Blitz 1,75 t (Bild 162) und ein sehr seltener Ostner (Bild 161) werden auf der Seite 62 gezeigt.

Bild Nr. 169: Chevrolet 4400 TSF 105 PS Eigenumbau, Bj. 1955

Bild Nr. 170: Opel Blitz 1,5 t TSF Eigenumbau, Bj. 1950

Bild Nr. 171: Borgward B 522 A/O LF 8 Ziegler-Aufbau, Bj. 1960

5.2. Löschgruppenfahrzeuge LF 8

Nach dem Tragkraftsspritzenfahrzeug stellt das LF 8 in der ,,Hierarchie'' der Löschfahrzeuge den nächstgrößeren Typ dar.

Dieser Fahrzeugtyp mit einer Gruppenbesatzung (1 + 8 Mann), wurde nach 1945 aus der Kraftzugspritze (KzS 8) der 30er Jahre und aus ihrem Nachfolgetyp, dem ,,Leichten Löschgruppenfahrzeug'' (LLG) aus der Kriegszeit weiterentwickelt. Die löschtechnische Beladung war umfangreich genug und die Besatzungsstärke reichte aus, um Löschangriffe bei kleineren Bränden selbständig durchzuführen. Auch für technische Hilfeleistungen in geringem Umfang war das LF 8 ausgerüstet. Es verfügte über eine vom Fahrzeugmotor angetriebenen — als Mitteneinbau- oder Vorbaupumpe ausgebildete — Feuerlösch-Kreiselpumpe FP 8/8 und über eine Tragkraftspritze TS 8/8, die entweder im Fahrzeug heckseitig eingeschoben oder in einem Tragkraftspritzenanhänger (TSA) mitgeführt wurde. Der Tragkraftspritzenanhänger war allerdings ein lästiges Übel. Er gestattete zwar, eine vermehrte Geräteausstattung mitzuführen, machte aber — wie schon die Erfahrungen mit dem LLG gezeigt hatten — diese Gespanne recht unbeweglich und im Fahrverhalten problematisch. Später wurden sie aus der Norm genommen und sind heutzutage nur noch selten anzutreffen.

LF 8 gab es sowohl mit Straßen- als auch mit dem von ländlichen Gemeinden bevorzugten Allradantrieb, da dort doch häufiger Einsätze außerhalb der Straßen durchgeführt werden mußten. Diese Löschfahrzeuge waren entweder mit seitlich zugänglicher Beladung, als auch mit der sog. ,,Heckbeladung'' lieferbar. Bei letzterer war die gesamte feuerwehrtechnische Ausrüstung am Fahrzeugheck zu entnehmen. Diese Ausführung war einfacher und preiswerter als die Normalausführung, wurde allerdings in geringeren Stückzahlen gefertigt, da die seitliche Zugänglichkeit beim Einsatz doch Vorteile bot.

Weil das zulässige Gesamtgewicht des LF 8 max. 7,5 t betragen durfte, konnten diese Fahrzeuge noch mit dem Führerschein der Klasse 3 gefahren werden.

Für diesen Fahrzeugtyp wurden vornehmlich 1 3/4 bis 2 t-Fahrgestelle, in erster Linie der Marken Opel, Borgward und Ford verwendet. 3 typische LF 8-Vertreter der 50er Jahre befinden sich auf den Abbildungen der Seite 67.

Bild Nr. 172: Borgward B 2500 A LF 8-TS Metz-Aufbau, Bj. 1957

Bild Nr. 173: Opel Blitz 1,75 t LF 8 Bachert-Aufbau, Bj. 1956

Bild Nr. 174: Ford FK 2000 LF 8 Magirus-Aufbau, Bj. 1952

Bild Nr. 175: Opel Blitz 1,5 t LF 8 Bachert-Aufbau, Bj. 1951

Bild Nr. 176: Opel Blitz 1,5 t LF 8 Metz-Aufbau, Bj. 1947

Bild Nr. 177: Opel Blitz 1,5 t LF 8 Magirus-Aufbau, Bj. 1950

Bild Nr. 178: Opel Blitz 1,5 t LF 8 Metz-Aufbau, Bj. 1950

Bild Nr. 179: Opel Blitz 1,5 t LF 8 Meyer-Hagen-Aufbau, Bj. 1951

Bild Nr. 180: Opel Blitz 1,75 t LF 8 Metz-Aufbau, Bj. 1954

Bild Nr. 181: Opel Blitz 1,75 t LF 8 Miesen-Aufbau, Bj. 1952

Bild Nr. 182: Opel Blitz 1,75 t LF 8 Graaff-Aufbau, Bj. 1955

Bild Nr. 183: Opel Blitz 1,75 t LF 8 mit TSA Miesen-Aufbau, Bj. 1957

Bild Nr. 184: Opel Blitz 1,75 t LF 8 Magirus-Aufbau, Bj. 1956

Bild Nr. 185: Opel Blitz 1,75 t LF 8 Ziegler-Aufbau, Bj. 1958

Bild Nr. 186: Opel Blitz 1,75 t LF 8 Buschmann-Aufbau, Bj. 1959

Bild Nr. 187: Opel Blitz 1,75 t LF 8 Buschmann-Aufbau, Bj. 1956

Bild Nr. 188: Opel Blitz 1,75 t Rüstfahrzeug/LLF Gugg-Aufbau, Bj. 1960

In den ersten Nachkriegsjahren diente vor allem das Opel-Blitz 1,5 t-Fahrgestell als Basis für LF 8, auf das besonders Hersteller wie Metz, Magirus und Bachert, aber auch Meyer-Hagen (Bild 179) diese Löschgruppenfahrzeuge fertigten. Das Erscheinungsbild war noch von kantigen Aufbauten geprägt. Ab 1952 wurde der Opel-Blitz in der Tragkraft auf 1,75 t angehoben und erhielt eine neue, modische, von amerikanischen Einflüssen geprägte Karosserielinie. Dieses Fahrgestell wurde bis 1960 gebaut und in großen Stückzahlen für Feuerwehrzwecke verwendet. Es dürfte das mit Abstand am häufigsten verwendete Fahrgestell für LF 8 gewesen sein. Nahezu alle Aufbauhersteller fertigten LF 8 auf dem Opel-Blitz 1,75 t, die sich äußerlich mehr oder weniger stark unterschieden. Auf den Seiten 69 u. 70 sind einige typische Varianten abgebildet. Interessant ist der mit einem Miesen-Aufbau versehene Opel-Blitz auf Bild 181, der schon 1952 gebaut wurde. Bild 183 zeigt ebenfalls ein von Miesen karossiertes Fahrzeug späterer Fertigung (1957) als Gespann mit einem TSA. Die LF 8 auf den Abbildungen 188 u. 189 wurden von österreichischen Aufbauherstellern aufgebaut. In Österreich wird diese Leistungsgruppe als LLF (Leichtes Löschfahrzeug) bezeichnet. Ein recht seltener Feuerwehr-Eigenumbau ist auf Bild 190 zu sehen. Hier wurde ein ehemaliges Postzustellungsfahrzeug (mit seitlichen Schiebetüren) zu einem LF 8 umgerüstet. Der Vollständigkeit halber soll noch erwähnt werden, daß es den Opel-Blitz 1,75 t nicht als Allradfahrzeug gab.

Bild Nr. 189: Opel Blitz 1,75 t LLF Rosenbauer-Aufbau, Bj. 1958

Bild Nr. 190: Opel Blitz 1,75 t LF 8 Trutz-Aufbau (ex. Bundespost), Bj. 1956

In zwar geringerem Umfang, trotzdem aber in verhältnismäßig beachtlichen Stückzahlen, lieferte die Firma Ford Fahrgestelle für LF 8-Aufbauten. In wenigen Exemplaren wurde das noch bis 1950 gebaute Ford Ruhr-Fahrgestell dafür genommen, das praktisch der Kriegsausführung entsprach. Ein Fahrzeug mit Bachert-Aufbau, das mit 52 PS motorisiert war und bis vor kurzem noch im Einsatz stand, ist auf Bild 191 zu sehen. Die ab 1951 äußerlich völlig neu gestalteten, mit viel Chrom versehenen Nachfolgemodelle FK 2000-3500, die über unterschiedliche Leistungen verfügten, wurden von vielen Aufbauherstellern für LF 8 verwendet. Auf den Seiten 71 u. 72 sind verschiedene dieser Fahrzeuge abgebildet. Besonders häufig wurde damals von Magirus das FK 2000 — Fahrgestell (Bild 174 u. 194) — in Ermangelung eigener Fahrgestelle dieser Gewichtsklasse — verwendet. Metz, Graaff und Bachert und möglicherweise auch andere Hersteller fertigten LF 8-Aufbauten auf Ford-Basis, wobei Metz — in Anlehnung an die LF/TLF 15-Typen — ebenfalls einen omnibusähnlichen Aufbau (Bild 195) fertigte. Der Ford auf Bild 198 ist vermutlich ein von einer örtlichen Firma gefertigtes Einzelstück, das sich noch im Jahre 1985 bei einer Ortsfeuerwehr in der Eifel im Einsatzdienst befand. 1956 stellte Ford das Modell FK 2500 vor, das über einen 100 PS V 8-Benzinmotor verfügte. Drei LF 8 mit verschiedenen Aufbauten sind auf Seite 73 abgebildet. Auch Ford lieferte — soweit feststellbar — keine Allradfahrgestelle für LF 8.

Bild Nr. 191: Ford G 38 T Spezial „Ruhr" LF 8 Bachert-Aufbau 52 PS 3924 ccm, Bj. 1950

Bild Nr. 192: Ford FK 2000 LF 8 Graaff-Aufbau, Bj. 1952

Bild Nr. 193: Ford FK 3500 LF 8 Magirus-Aufbau, Bj. 1954

Bild Nr. 194: Ford FK 2000 LF 8 Bachert-Aufbau, Bj. 1952

Bild Nr. 195: Ford FK 3500 LF 8-TS Metz-Aufbau, Bj. 1955

Bild Nr. 196: Ford FK 2000 LF 8 Bachert-Aufbau, Bj. 1953

Bild Nr. 197: Ford FK 3500 LF 8 Magirus-Aufbau, Bj. 1954

Bild Nr. 198: Ford FK 2000 LF 8 Hülhoven-Aufbau, Bj. 1953

Bild Nr. 199: Ford FK 2500 LF 8 Miesen-Aufbau, Bj. 1956

Bild Nr. 200: Ford FK 2500 LF 8-TS Ziegler-Aufbau, Bj. 1961

Bild Nr. 201: Ford FK 2500 LF 8 Heines-Aufbau, Bj. 1959

Bild Nr. 202: Borgward B 522 A/O LLF Rosenbauer-Aufbau, Bj. 1961

Der dritte Lastwagenhersteller, dessen Fahrgestelle in größerem Rahmen für den Bau von LF 8 verwandt wurden, war die Firma Borgward in Bremen. In erster Linie waren es die Fahrgestelle des B 2500 bzw. ab 1959 B 522, die für diese Löschgruppenfahrzeuge infrage kamen. Sie wurden auch als Allradversion, besonders an niedersächsische Wehren, geliefert. Auf den Seiten 74 u. 75 befinden sich die Abbildungen verschiedener LF 8-Ausführungen unterschiedlicher Hersteller.

Bild 208 zeigt ein LF 8 mit Buschmann-Aufbau als Gespann mit einem Tragkraftspritzenanhänger. Die Abbildungen 202 u. 211 zeigen österreich. LLF mit Rosenbauer-Aufbauten. Omnibusähnliche Aufbauten wurden anfänglich von Metz auch hier gefertigt (Bild 204 u. 205). Vereinzelt verwandten Aufbauhersteller das leichtere B 1500 bzw. B 511-Fahrgestell für LF 8. Die Aufnahmen auf Seite 76 zeigen solche Fahrzeuge mit Graaff bzw. Arve-Aufbau.

Bild Nr. 203: Borgward B 2500 A LF 8 Ludwig-Aufbau, Bj. 1957

Bild Nr. 204: Borgward B 2500 LF 8 Metz-Aufbau, Bj. 1956

Bild Nr. 205: Borgward B 2500 LF 8 Metz-Aufbau, Bj. 1954

Bild Nr. 206: Borgward B 2500 A LF 8-TS Ziegler-Aufbau, Bj. 1959

Bild Nr. 207: Borgward B 2500 LF 8 Heines-Aufbau, Bj. 1955

Bild Nr. 208: Borgward B 2500 A LF 8 mit TSA Buschmann-Aufbau, Bj. 1960

Bild Nr. 209: Borgward B 2500 A LF 8 Metz-Aufbau, Bj. 1956

Bild Nr. 210: Borgward B 522 A/O LF 8-TS Bierstedt-Aufbau, Bj. 1961

Bild Nr. 211: Borgward B 522 A/O LLF Rosenbauer-Aufbau, Bj. 1961

Bild Nr. 212: Borgward B 511-0 LF 8 Graaff-Aufbau, Bj. 1959

Bild Nr. 213: Borgward B 511-0 LF 8-TS Arve-Aufbau, Bj. 1958

Bild Nr. 214: Hanomag AL 28 Z LLF/Rüstfahrzeug Rosenbauer-Aufbau, Bj. 1967

Bild Nr. 215: Hanomag AL 28 LLF Rosenbauer-Aufbau, Bj. 1959

Bild Nr. 216: Hanomag L 28 LF 8 Hering-Aufbau, Bj. 1954

Bild Nr. 217: Hanomag L 28 LF 8-TS Bachert-Aufbau, Bj. 1955

Bild Nr. 218: Hanomag L 28 LF 8 mit TSA (Bachert) Metz-Aufbau, Bj. 1954

Bild Nr. 219: Citroen 9 CV LF 8 Aufbau Jacob & Söhne, Bj. 1953

Am Bau von LF 8 beteiligte sich in geringerem Umfang auch Hanomag mit dem L 28-Fahrgestell. Ein sehr schönes Exemplar mit Metz-Aufbau von 1954, ausgerüstet mit Mitteneinbaupumpe und angehängtem TSA ist auf Bild 218 zu sehen. Das Fahrzeug befand sich 1984 noch im Einsatzdienst. Auf den Aufnahmen 214 u. 215 sind zwei allradgetriebene auf AL 28-Chassis von Rosenbauer gebaute LLF aus Österreich abgebildet. Hanomag verlor, abgesehen von einigen für gleiche Zwecke verwandte Markant- u. Kurier-Frontlenker, als Fahrgestellieferant rasch an Bedeutung.

Bild Nr. 220: Citroen 9 CV LF 8 Schneider-Aufbau 50 PS 1911 ccm, Bj. 1952

Bild Nr. 221: Hotchkiss PL 25 L LF 8 Mader-Aufbau, Bj. 1957

Eine Sonderstellung nahm das Saarland ein. Bis 1957 gehörte dieses Bundesland verwaltungsmäßig zu Frankreich, was sich auch in den von den Feuerwehren beschafften Fahrzeugtypen widerspiegelte. Die Seite 78 zeigt zwei von örtlichen Aufbauherstellern karossierte LF 8 auf französischen Citroen 9 CV-Fahrgestellen und auf Bild 221 einen seltenen Hotchkiss. Vereinzelt sind diese Fahrzeuge auch heute noch im Einsatz anzutreffen.

Neben den bisher besprochenen LF 8, die in der Regel über ein zulässiges Gesamtgewicht von 5,5 t verfügten, gab es schon in den 50er Jahren größere und stärker bestückte Fahrzeuge (bis 7,5 t), die als sog. ,,LF 8 schwer'' in die LF 8-Serie einflossen. Die größte Bedeutung dieser nur in kleinen Stückzahlen gefertigten Fahrzeuge scheint die Metz-Ausführung auf Daimler-Benz L3500/L311-Fahrgestellen gehabt zu haben. Ein solches Fahrzeug zeigt die Abbildung 223. Die Hamburger Feuerwehren beschafften schon frühzeitig für ihre angeschlossenen freiwilligen Feuerwehren LF 8-Frontlenkerfahrzeuge (Bild 222). Als Basisfahrgestell wurde das Daimler-Benz LP 710, das ebenfalls zur Gewichtsklasse der ,,LF 8 schwer'' zählte, genommen. Die Aufbauten wurden von Bachert gefertigt.

Bild Nr. 222: Daimler-Benz LPF 710/32 LF 8-TS Bachert-Aufbau 100 PS 5322 ccm, Bj. 1964

Bild Nr. 223: Daimler-Benz LF 3500/36 LF 8 schwer Metz-Aufbau, Bj. 1953

Löschgruppenfahrzeuge LF 8 stellen nach den TSF die stückzahlmäßig umfangreichste Gruppe unter den Feuerwehrfahrzeugen dar. Die Fahrzeuge der 50er Jahre sind zwar noch bei manchen Wehren im Einsatz, befinden sich aber allgemein in der Phase der Ablösung durch neuere Konstruktionen.

Bild Nr. 224: Magirus-Deutz S 3500 LF 8 schwer Magirus-Aufbau 90 PS 5322 ccm, Bj. 1954

Bild Nr. 225: Daimler-Benz L 701 (Lizenzbau) LF 15 Metz-Aufbau (1984 noch im Einsatz), Bj. 1945

Bild Nr. 226: Henschel HS 100 LF 15 Meyer-Hagen-Aufbau, Bj. 1955

Vorgänger der LF 15 waren die Schweren Löschgruppenfahrzeuge (SLG), die im Rahmen der getypten Löschfahrzeuge der damaligen Feuerschutzpolizei zur Verfügung standen. Wie in dem vorangegangenen Kapitel 2.2. geschildert, wurden hierfür mittelschwere Fahrgestelle der Hersteller Magirus-Deutz, Daimler-Benz und Opel verwendet. Nach dem Kriege wurde die Produktion dieser Fahrzeuge auf Lastwagenfahrgestellen verschiedener Herstellerfirmen wieder aufgenommen. Auf Einzelheiten soll an späterer Stelle eingegangen werden.

Das LF 15 konnte eine Löschgruppe (1 + 8 Mann) aufnehmen, war mit einer Feuerlösch-Kreiselpumpe FP 15/8 und einem mindestens 800 l fassenden Wassertank ausgestattet. Eine auf der Rückseite des Wagenkastens aufgehängte fahrbare Schlauchhaspel, Haken-, Steck-, Schiebe- und Klappleitern und in Einzelfällen eine auf der vorderen Stoßstange fest aufgebaute Seilwinde ergänzten die Ausrüstung. Das ,,Innenleben'' des LF 15 bestand aus einer relativ umfangreichen Ausstattung an Löschgeräten und Ausrüstungsgegenständen, die man für viele Aufgaben der technischen Hilfeleistung verwenden konnte. Die sinnvolle Kombination dieser Faktoren machten das LF 15 zu einem vielseitigen Universalfahrzeug der Feuerwehren.

5.3. Löschgruppenfahrzeuge LF 15/LF 16

Bild Nr. 227: Magirus-Deutz S 3500 LF 15 Magirus-Aufbau, Bj. 1950

Bild Nr. 228: Magirus-Deutz S 3500 LF 15 Magirus-Aufbau, Bj. 1953

Bild Nr. 229: Magirus-Deutz S 3500 LF 15 Magirus-Aufbau, Bj. 1953

Bild Nr. 230: Magirus-Deutz S 3500 LF 15-TS Magirus-Aufbau, Bj. 1954

Bild Nr. 231: Daimler-Benz LF 3250/36 LF 15 Metz-Aufbau, Bj. 1949

Bild Nr. 232: Daimler-Benz LF 3250/36 LF 15 Metz-Aufbau, Bj. 1949

Bild Nr. 233: Daimler-Benz LF 3500/36 LF 15 Metz-Aufbau 90 PS, 4580 ccm, Bj. 1950

Anfangs wurden LF 15 ausschließlich mit Straßenantrieb und langen Radständen angeboten. Erst gegen Ende der 50er Jahre gab es auch Löschgruppenfahrzeuge LF 16 mit Allradantrieb und vereinzelt auch mit kurzem Radstand. Diese Fahrzeuge wurden besonders gern von ländlichen Gemeinden beschafft, mußten doch hier im Gegensatz zu den verkehrsmäßig gut erschlossenen Städten viele Einsätze abseits der Straßen durchgeführt werden. Ab Mitte der 50er Jahre wurde das LF 15 in der Norm durch das LF 16 abgelöst. Bis auf die auf 1600 l/min erhöhte Pumpenleistung blieben die Fahrzeuge jedoch nahezu unverändert.

Es gab auch ein LF 15/16 — TS, das ähnlich wie die ,,Normalausführung'' mit einer Mitten-oder Vorbaupumpe FP 15 oder 16/8 ausgerüstet war. Der Hauptunterschied bestand darin, daß der Wassertank von 800 l zugunsten einer in den Aufbau eingeschobenen TS 8/8 wegfiel. Diese Löschgruppenfahrzeuge wurden vor allem auf dem Lande eingesetzt, wo größere Wegstrecken in der Wasserzuführung durch Hintereinanderschalten mehrerer Pumpen überwunden werden mußten.

Nach Kriegsende stand zunächst nur das Daimler-Benz L 701-Fahrgestell, das dem 3 t Opel-Blitz, der ab 1943 gemäß höherer Weisung auch von Daimler-Benz gefertigt werden mußte, entsprach, als Trägerfahrgestell für LF 15 zur Verfügung. D.h. in den Jahren 1945-1948 wurden in geringen Stückzahlen auch andere Lkw-Typen schon wieder gefertigt, aber scheinbar nicht für LF 15 genommen. Bild 225 zeigt, daß das L 701-Fahrgestell schon 1945 von Metz zum Aufbau eines LF 15 verwendet wurde.

Ab 1948 nahm Magirus-Deutz mit dem Typ S 3000 in größerem Umfang die Lastwagenproduktion wieder auf. Auf dieses Fahrgestell, das ab 1949 S 3500 bezeichnet wurde, fertigte Magirus auch LF 15 in nahezu gleicher Ausführung wie das LF 15 der Kriegszeit. Wichtigste äußere Unterscheidungsmale zu den Kriegstypen waren zum einen die seitlichen Lüftungssiebe mit Umrahmung (die während des Krieges hergestellten Fahrzeuge hatten waagerechte oder senkrechte Lüftungsschlitze) und der fehlende Wassereinfülldeckel am Kühler, da die Nachkriegsbauart über einen luftgekühlten Motor verfügte. Außerdem zierte das stilisierte Ulmer Münster wieder die Motorhaube (die Kriegsmodelle hatten nur das runde Klöckner-Zeichen an der Stelle).

Ende 1952 lief die Produktion dieses sehr bewährten Fahrgestells mit dem Übergang zum Rundhauber aus. Wie schon das TLF 15 von Magirus wurde ab 1952 auch das LF 15 nunmehr mit einem allseitig abgerundeten omnibusähnlichen Aufbau versehen. Die Aufnahmen 229 u. 230 zeigen solche Fahrzeuge. Diese Bauform wurde bis Ende 1955 beibehalten. Die Nachfolgemodelle wurden aber schon als LF 16 ausgeführt.

Als ab 1949 das von Daimler-Benz neu entwickelte L 3250-Fahrgestell zur Verfügung stand, begann die Firma Metz ebenfalls, LF 15 auf dieses Fahrgestell aufzubauen. Ab 1950 wurde dieses Fahrgestell zum L 3500 aufgewertet. Fahrzeuge der ersten Bauserien mit dem kurzen 3,60 m-Radstand in unterschiedlichen Ausführungen zeigt die Seite 82. Das Fahrzeug der Abbildung 231 zeigt ein LF 15 mit einem Geräteraum in der Mitte der Kabine, der ursprünglich der Unterbringung einer Tragkraftspritze dienen sollte. Ab 1951 war auch das 4,20 m-Fahrgestell lieferbar, das nun für LF 15 verwandt wurde. Die Bilder 237, 238 u. 241 zeigen Fahrzeuge der damaligen Standardbauweise von Metz, die bis 1955 (bis zum Übergang zur Ganzstahlkabine) beibehalten wurde. In wenigen Exemplaren wurden Löschgruppenfahrzeuge LF 15 auch in der Metz-Omnibusbauweise (Bild 239) aufgebaut.

Außer Daimler-Benz und Magirus Deutz fanden nur ganz wenige Fahrgestelle anderer Hersteller für LF 15 Verwendung. Eine solche Ausnahme ist auf Bild 226 zu sehen. Es ist ein Henschel HS 100, der von Meyer-Hagen aufgebaut und 1952 an die Werkfeuerwehr der Fa. Henschel in Kassel geliefert wurde. Heute befindet sich dieses Fahrzeug in Privathand.

Ab ca. 1955 wurde die Ganzstahlbauweise für Feuerwehrfahrzeuge allgemein eingeführt. Magirus lieferte von Ende 1955 bis 1957 ein LF 16 mit einem sehr eigenwilligen, modifiziertem Omnibusaufbau, dessen Aufbau unter Verwendung der normalen Lkw-Kabine entstanden war.

Dieser nunmehr als 125 Mercur bezeichnete Typ wurde vielfach als LF 16-TS bestellt, wie auf Bild 242 (Allradausführung) zu sehen ist. Ab 1958 begann die Fabrikation der Rundhauber LF 16 mit separat ausgebildetem Geräte- und Mannschaftsaufbau. Diese Bauart wurde beim LF 16 bis zum Ende der Rundhauberproduktion 1963 beibehalten und darüber hinaus auch bei den nachfolgenden Eckhaubern. Nur ganz vereinzelt gab es auch Magirus-Deutz-Fahrgestelle mit Fremdaufbauten, da Magirus bekanntlich fast ausschließlich die eigenen Fahrgestelle für Feuerwehrzwecke verwandte. Bild 246 zeigt ein 1958 von Bachert gebautes LF 16-TS.

Löschgruppenfahrzeuge LF 16 auf Daimler-Benz L 311 (Bezeichnung des L 3500 ab 1955) — Fahrgestellen wurden bis zum Ende der Produktion nicht nur von Metz, sondern in kleinerem Umfang auch von anderen Auf-

Bild Nr. 234: Daimler-Benz LF 3500/42 LF 15 Metz-Aufbau, Bj. 1954

Bild Nr. 235: Daimler-Benz LF 3500/42 LF 15 Metz-Aufbau (Heckansicht), Bj. 1954

Bild Nr. 236: Daimler-Benz LF 3500/42 LF 15 Metz-Aufbau, Bj. 1953

Bild Nr. 237: Daimler-Benz LF 3500/42 LF 15 Metz-Aufbau, Bj. 1952

Bild Nr. 238: Daimler-Benz LF 3500/42 LF 15 Metz-Aufbau, Bj. 1951

Bild Nr. 239: Daimler-Benz LF 3500/36 LF 15 Bachert-Aufbau (gefertigt in Ganzstahlbauweise), Bj. 1951

Bild Nr. 240: Daimler-Benz LF 3500/36 LF 15 Bachert-Aufbau, Bj. 1955

Bild Nr. 241: Daimler-Benz LF 3500/42 LF 15 Metz-Aufbau, Bj. 1955

bauherstellern gefertigt. Die Bilder 248—251 zeigen Fahrzeuge mit Metz-Aufbauten, davon ist Fahrzeug 251 auf kurzem 3,60 m-Fahrgestell aufgebaut und mit Allradantrieb ausgerüstet. Diese Ausführung wurde vorzugsweise nach Bayern geliefert. Auf den folgenden Bildern findet man Bachert, Heines und Ziegler-Aufbauten. Die Firma Heines Wuppertal hatte nur regionale Bedeutung.

Nur ganz wenige LF 16 wurden auf Henschel-Fahrgestelle (in erster Linie von der BF Kassel beschafft) gefertigt. Wie Bild 259 — ein Henschel mit Meyer-Hagen-Aufbau für die FF Varel zeigt, gab es auch Ausnahmen. Ein Henschel-LF neuerer Fertigung (Bild 261) wurde vor einigen Jahren von der Feuerwehrschule Kassel an eine freiwillige Feuerwehr abgegeben. Äußerst selten ist auch das an die FF Altena gelieferte LF 16-TS auf Ford FK 3500-Basis (Bild 260), das zum Zeitpunkt der

Bild Nr. 242: Magirus-Deutz F 125 Mercur A LF 16-TS Magirus-Aufbau, Bj. 1958

Bild Nr. 243: Magirus-Deutz F 125 Mercur A LF 16-TS Magirus-Aufbau, Bj. 1960

Aufnahme schon nicht mehr dem Einsatzbestand angehörte.
Ab ca. 1955 wurde versuchsweise die Frontlenkerbauweise für den Feuerwehrfahrzeugbau eingeführt. Metz baute damals das erste LF 16 auf Daimler-Benz LP 312/36-Fahrgestell. Sie konnte sich noch nicht durchsetzen, obwohl sie wesentliche Vorteile in der Raumausnutzung (Wegfall der Motorhaube) bot.

Es wurden weiterhin die „konventionellen" Haubenfahrzeuge bevorzugt, was vermutlich auf den eher psychologisch bedingten Nachteil des geringeren Schutzes bei Frontalunfällen durch die fehlende Motorhaube zurückzuführen war. Außer Metz baute vor allem Bachert Feuerwehr-Frontlenkerfahrzeuge (Bild 262). Zur Verwendung kamen die Daimler-Benz-Fahrgestelle LP 311 bzw. 312 mit kurzen 3,60 m-Radständen.

Bild Nr. 244: Magirus-Deutz F 125 Mercur A LF 16-TS Magirus-Aufbau, Bj. 1963

Auch Magirus-Deutz entwickelte Lastkraftwagenfahrgestelle in Frontlenkerbauart. Offensichtlich ist aber keines dieser Fahrgestelle in Deutschland mit einem Feuerwehraufbau versehen worden. Deshalb soll an dieser Stelle ein fremdes Gesicht vorgestellt werden, denn vereinzelt wurden im Ausland auf diese Frontlenker Feuerwehrfahrzeuge aufgebaut. Bild 256 zeigt einen Magirus-Saturn 145 einer belgischen Wehr mit Landyt-Aufbau als LF 20 mit 2000 l-Wassertank von 1962.

Bild Nr. 245: Magirus-Deutz F 125 Mercur LF 16 Magirus-Aufbau, Bj. 1962

Bild Nr. 246: Magirus-Deutz F 125 Mercur LF 16-TS Bachert-Aufbau, Bj. 1962

Bei den großen Wehren sind Fahrzeuge dieser Generation höchstens noch im Reservebestand anzutreffen. Dagegen befinden sich LF 15/16 bei kleineren Wehren oftmals noch im Einsatz. Vielfach werden von größeren Wehren abgegebene Fahrzeuge verwendet, wie z.B. das Fahrzeug auf der Abbildung 257, das von der Werkfeuerwehr BASF Ludwigshafen übernommen wurde. Aber auch hier ist der Zeitpunkt absehbar, wann alle älteren Modelle gegen neue Fahrzeuge ausgetauscht worden sind.

Bild Nr. 247: Magirus-Deutz F 125 Mercur LF 16 Magirus-Aufbau, Bj. 1959

Bild Nr. 248: Daimler-Benz LF 311/42 LF 16 Metz-Aufbau, Bj. 1958

Bild Nr. 249: Daimler-Benz LF 311/42 LF 16 Metz-Aufbau, Bj. 1958

Bild Nr. 250: Daimler-Benz LF 311/42 LF 16-TS Metz-Aufbau, Bj. 1959

Bild Nr. 251: Daimler-Benz LAF 311/36 LF 16-TS Metz-Aufbau ,,Bayern-Ausführung'' mit eingeschob. TS 8/8, Bj. 1959

Bild Nr. 252:Daimler-Benz LF 311/42 LF 16 Bachert-Aufbau, Bj. 1959

Bild Nr. 253: Daimler-Benz LAF 311/42 LF 16 Bachert-Aufbau, Bj. 1959

Bild Nr. 254: Daimler-Benz LF 311/42 LF 16 Heines-Aufbau, Bj. 1960

Bild Nr. 255: Daimler-Benz LF 311/42 LF 16 Heines-Aufbau, Bj. 1959

Bild Nr. 256: Magirus-Deutz Saturn 145 LF 20 (Barton-Pumpe) 2000 l-Wassertank Landyt-Aufbau, Bj. 1962

Bild Nr. 257: Daimler-Benz LF 3142 LF 16 Metz-Aufbau (ex. Werkfeuerwehr BASF), Bj. 1958

Bild Nr. 258: Daimler-Benz LF 311/42 LF 16-TS Ziegler-Aufbau, Bj. 1960

Bild Nr. 259: Henschel HS 100 LF 16 Meyer-Hagen-Aufbau, Bj. 1955

Bild Nr. 260: Ford FK 3500 LF 16-TS Metz-Aufbau, Bj. 1957

Bild Nr. 261: Henschel HS 100 LF 16 Metz-Aufbau 9000 Kg Gesamtgewicht, Bj. 1960

Bild Nr. 262: Daimler-Benz LPF 311/36 Bachert-Aufbau 115 PS, 4580 ccm, Bj. 1960

Bild Nr. 263: Opel Blitz 1,5 t TLF 8/15 Eigenumbau, Bj. 1949

Bild Nr. 264: Borgward B 522 A/O TLF 8 Magirus-Aufbau, Bj. 1961

Bild Nr. 265: Borgward B 522 A/O TLF 8 Ziegler-Aufbau, Bj. 1961

5.4. Tanklöschfahrzeuge TLF 8

Um kleineren Wehren ein geländetaugliches und bewegliches Tanklöschfahrzeug in die Hand zu geben, das mit einem zulässigen Gesamtgewicht von max. 7500 kg noch mit dem Führerschein der Klasse 3 gefahren werden durfte, wurde das TLF 8 entwickelt. Dieser Löschfahrzeugtyp ist erstmals in den im September 1955 erlassenen Normen DIN 14530 enthalten.

TLF 8 wurden — soweit feststellbar — ausschließlich mit Allradantrieb geliefert. Es besaß neben einer fest im Fahrzeugheck eingebauten Feuerlösch-Kreiselpumpe FP 8/8 einen Löschwassertank mit 1800 l-Inhalt und eine Besatzung von 3 Mann, die in einer Standard-Lkw-Kabine (auch Truppführerhaus genannt) untergebracht war. Die Norm von 1955 wies als Tankinhalt zunächst nur 1200 l Wasser aus. Später wurde der Wasservorrat auf 1800 l erhöht. Die Fahrgestelle Borgward B 2500 A bzw. 522 A wurden für das TLF 8 am häufigsten verwendet. Die erforderlichen Aufbauten erstellten nahezu alle in der Bundesrepublik bekannten Herstellerfirmen. Der Bund hatte ab den 50er Jahren mehrere Bauserien für den Katastrophenschutz beschafft, die auf geländegängige Unimog S 404-Fahrgestelle aufgebaut wurden.

Die stärkste Verbreitung fanden diese Löschfahrzeuge in Niedersachsen, denn zur Brandbekämpfung in den weitläufigen Wald- und Heidegebieten dieses Landes erwiesen sich die TLF 8, die über eine große Bodenfreiheit und kurzen Radstand verfügten, als sehr geeignet. Die produzierten Stückzahlen waren allerdings weit geringer als die des TLF 15/16.

Wie bei den anderen Löschfahrzeugtypen auch, behalf sich in den ersten Nachkriegsjahren manche Wehr selbst und baute sich ihr Feuerwehrfahrzeug in Eigenregie auf ein günstig erworbenes Fahrgestell auf. Als Beispiel für dieses Kapitel soll Bild 263 stehen, das einen Opel Blitz 1,5 t zeigt, der mit einem 1500 l-Heizöltank zu einem Tanklöschfahrzeug umgerüstet wurde. Der Wagen versah 1984 noch zuverlässig seinen Dienst. Das nicht geländegängige Fahrzeug entspricht allerdings nicht den Normbestimmungen. Interessant ist auch das auf Bild 268 gezeigte Fahrzeug, ein Borgward B 2500 A, zum Zeitpunkt der Aufnahme allerdings schon ausgemustert. Der Wagen mit Schlingmann-Aufbau besitzt eine Vorbaupumpe und eigenartigerweise ein nicht der Serie entsprechendes Truppführerhaus.

Auch heute befinden sich viele TLF dieser Generation noch im Dienst. Von den Wehrmännern werden sie wegen ihrer Handlichkeit und Zuverlässigkeit sehr geschätzt. Daß diese relativ leichten Fahrzeuge heute nicht mehr hergestellt werden, wird verschiedentlich als Mangel empfunden.

Bild Nr. 266: Borgward B 522 A/O TLF 8 Metz-Aufbau, Bj. 1961

Bild Nr. 267: Borgward B 522 A/O TLF 8 Graaff-Aufbau, Bj. 1960

Bild Nr. 268: Borgward B 2500 A TLF 8 Schlingmann-Aufbau, Bj. 1958

5.5. Tanklöschfahrzeuge TLF 15 / TLF 16

Tanklöschfahrzeuge wurden in Deutschland von der Industrie in größerem Umfang erst während des letzten Krieges geliefert. Bis 1935 wurden nur ganz vereinzelt von den Wehren Tanklöschfahrzeuge, meist nur für bestimmte Sonderaufgaben, beschafft. Erst der Aufbau der Luftwaffe und der Verkehrsluftfahrt machte die Entwicklung neuer Typen notwendig. Die Tanklöschfahrzeuge für die Fliegerhorstfeuerwehren waren schon so gut durchgebildet, daß etwa 5 bis 10 Sekunden nach Eintreffen an der Brandstelle wahlweise Schaum oder Wasser gegeben werden konnte.

Erst die ab Frühjahr 1942 einsetzenden Bombardierungen deutscher Städte (Lübeck, Rostock und Köln) machte den Einsatz eines Tanklöschfahrzeugtyps dringend erforderlich, denn zum Nachlöschen und zur Bekämpfung von Entstehungsbränden brauchte man ein Fahrzeug, das unabhängig von der örtlichen Wasserversorgung mit dem mitgeführten Wasservorrat im Tank sofort einen Löschangriff beginnen konnte. Aus diesen Forderungen entstand das TLF 15/43. Die ab 1943 von der Industrie gefertigten Stückzahlen konnten den hohen Bedarf der damaligen Zeit aber nicht annähernd befriedigen.

Als nach Kriegsende die deutsche Feuerwehrgeräteindustrie wieder an die Fertigung von Feuerwehrfahrzeugen denken konnte, hatte das Tanklöschfahrzeug den unbedingten Vorrang, denn die Wehren hatten die Vorteile dieser Fahrzeuge in Erinnerung an die Kriegserfahrungen erkannt. Nur so ist es zu erklären, daß ein großer Nachholbedarf für diesen neuen Typ bestand, denn Löschgruppenfahrzeuge (SLG) waren aus der Kriegszeit noch genügend vorhanden; Tanklöschfahrzeuge hingegen fehlten, weil nur in sehr geringen Stückzahlen produziert, fast überall. Manche Herstellerfirmen sollen einen Produktionsanteil an Tanklöschfahrzeugen von weit über 50%, gemessen an der Gesamtzahl der ausgelieferten Fahrzeuge, gehabt haben.

Das TLF 15 war mit einer Feuerlösch-Kreiselpumpe FP 15/8 und einem Löschwasserbehälter von 2400 l ausgerüstet. Der Wasserbehälter war verwindungsfrei gelagert und hatte Schlingerwände, um die Wellenbewegungen des Wassers während der Fahrt zu dämpfen. Die Ausrüstung wurde durch teilweise am Heck angeordnete, beidseitig angebrachte Schnellangriffseinrichtungen ergänzt. Im Gegensatz zu den Tankkraftspritzen TLF 15/43 der Kriegszeit, die nur über die Besatzungs-

Bild Nr. 269: Magirus-Deutz S 3500 TLF 15 Magirus-Aufbau 85 PS, 7200 kg Gesamtgewicht, Bj. 1950

stärke eines Löschtrupps (1 + 2 Mann) verfügten, wurde bei den neuen Konstruktionen mehr Raum für die Löschmannschaft vorgesehen, da sich die Bemannung für ein Tanklöschfahrzeug doch vielfach als zu schwach erwiesen und der Aufgabenbereich eines TLF viel weiter gezogen werden konnte, als man ursprünglich angenommen hatte. Der Fahrer-und Mannschaftsraum bot einer Löschstaffel (1 + 5 Mann) Platz.

Dem Vorteil, eine selbst für die Bekämpfung mittelgroßer Brände ausreichende Löschwassermenge ständig mitzuführen, stand der Nachteil gegenüber, daß selbst bei stark eingeschränkter Besatzung (Staffel- statt Gruppenbesatzung wie beim Löschgruppenfahrzeug) zusätzlich nur noch wenig Geräte, vor allem zu wenig Schläuche, mitgeführt werden konnten. Die Erfahrungen zeigten, daß die Wassermenge eines Tanklöschfahrzeugs in der Regel ausreichte, um 90% aller Großstadtbrände zu löschen und daß nur noch in seltenen Fällen das Ortswassernetz zur Löschwasserversorgung in Anspruch genommen zu werden brauchte. Diese günstige Beurteilung führte allerdings bei manchen, besonders kleineren Wehren, zu der irrigen Denkweise, ein TLF könne als vollwertiger Ersatz für ein nicht vorhandenes LF auftreten. Auch hier zeigten die Erfahrungen, daß diese Ansicht sehr problematisch war, denn das TLF konnte aus den genannten Gründen (beschränkte Geräteausstattung und geringe Besatzungsstärke) nie ein Löschgruppenfahrzeug, vor allem bei dem Einsatz in den Städten, ersetzen.

Das TLF war deshalb als Ergänzungsfahrzeug in erster Linie für Wehren anzusehen, die bereits über ein Löschgruppenfahrzeug und eine Drehleiter verfügten. Es fügte sich bei den größeren Feuerwehren fortan als 3. Fahrzeug in den Löschzug ein, die mit diesen Fahrzeugen (LF, TLF und Drehleiter), auch ausrückten.

Die erste Neuentwicklung eines Tanklöschfahrzeugs nach dem Kriege erfolgte von Magirus-Deutz. Es war das werksseitig bezeichnete TLF 15/48, das 1948 — wie die Zusatzbezeichnung „48" ausweist — auf den Markt kam (Bild 269—271). Man verwendete das bewährte Fahrgestell des S 3000 mit einer Motorleistung von 75 PS. Ein Jahr später erhöhte man die Motorleistung des luftgekühlten Aggregats auf 85 PS und änderte die Typenbezeichnung in S 3500. In Anlehnung an die Vorgängertypen war das neue TLF zwar noch mit einer offen am Rahmenende angeordneten Feuerlösch-Kreiselpumpe mit offenem Bedienstand ausgeführt, der Tank war aber schon mit einer Art Koffer, der zur Aufnahme feuertechnischen Geräts diente, umbaut. Der Wassertank war im übrigen durch eine im Inneren des Tanks angeordnete

Bild Nr. 270: Magirus-Deutz S 3500 TLF 15 Magirus-Aufbau, Bj. 1950

Bild Nr. 271: Magirus-Deutz S 3500 TLF 15 Magirus-Aufbau (Heckansicht), Bj. 1950

Bild Nr. 272: Magirus-Deutz S 3000 TLF 15 Magirus-Aufbau (Fahrzeugheck wurde nachträglich umbaut), Bj. 1949

Bild Nr. 273: Magirus-Deutz S 3500 TLF 15 (Hessen-TLF) Magirus-Aufbau, Bj. 1950

Rohrschlange, durch die die Auspuffgase geleitet wurden, gegen Einfrieren im Winter geschützt. Über der Pumpe war eine Schlauchhaspel mit 30 m Schlauch als Schnellangriffseinrichtung ebenfalls offen angeordnet.

Zwei Umbauten zeigen die Bilder 272, ein TLF 15/48, dessen Heckraum nachträglich mit einem geschlossenen Aufbau versehen wurde und Bild 274 mit neuem Eigenbaukoffer mit Rolladen, der zur Aufnahme zusätzlicher Geräte dient. Beide Fahrzeuge befinden sich möglicherweise noch heute im Dienst. In einer Sonderserie von 20 Stück wurden für das Bundesland Hessen im Jahre 1950 Tanklöschfahrzeuge mit geschlossenem Aufbau und Vorbaupumpe, sog. ,,Hessen-TLF'' (Bild 273) gefertigt, deren erweiterte Beladung fast der eines Löschgruppenfahrzeugs entsprach. TLF 15/48 wurden in großen Stückzahlen gebaut. Von diesen unverwüstlichen Löschfahrzeugen befinden sich selbst heute noch einige Exemplare besonders bei kleinen Wehren und Werkfeuerwehren im Einsatzdienst. Nachdem die Firma Metz 1950 ein Tanklöschfahrzeug auf Daimler-Benz L 3500-Fahrgestll mit vollständig verkleidetem Tank und Pumpenstand präsentiert hatte, konterte Magirus-Deutz noch im gleichen Jahr mit einem im Aufbau völlig neu gestaltetem S 3500 als TLF 15/50. Während Kotflügel und Kühlerattrappe — von einer weicheren Verrundung einmal abgesehen — gleich geblieben, wurden Motorhaube und Aufbau in geschlossener, omnibusartiger Form — in Anlehnung an das Aussehen der damaligen Omnibusse so bezeichnet — mit abgerundeten Kanten versehen, ausgeführt.

Die gesamte Ausrüstung wurde, einschließlich Tank, Pumpe und Steckleiter, innerhalb dieses Aufbaus gelagert, was den Vorteil bot, daß die Geräte im Fahrzeuginneren vor Beschädigung, Verschmutzung und vor allem

Bild Nr. 274: Magirus-Deutz S 3500 TLF 15/GW Magirus-Aufbau (Eigenumbau), Bj. 1950

Kälte geschützt war. Die Feuerlöschpumpe war, als Mitteneinbaupumpe ausgeführt, vor dem 2400 l fassenden Wassertank eingebaut.

Das TLF 15/50 gab es in sehr geringeren Stückzahlen auch in einer Allradversion (Bild 275), dem ersten allradgetriebenen TLF der Nachkriegszeit, das mit einem 6-Zylinder Triebwerk von 125 PS Leistung ausgerüstet war. Um die größere Maschine unterbringen zu können, war man zu einer Änderung der Motorhaube — unter Verwendung von S 6000-Bauteilen — gezwungen. Scheinbar sind die wenigen produzierten Fahrzeuge alle in den bayerischen Raum geliefert worden. Vorstehendes Fahrzeug wurde ursprünglich an die FF Mittenwald geliefert und anschließend an eine andere Feuerwehr weiterverkauft, bei der sich der Wagen bis heute im Dienst befindet.

Bild Nr. 275: Magirus-Deutz S 3500 A TLF 15 Magirus-Aufbau 125 PS (erstes allradangetriebenes TLF der Nachkriegszeit), Bj. 1951

Im Jahre 1952 begann Magirus-Deutz LF wie TLF 15 auf Rundhauberfahrgestelle mit Omnibusaufbauten zu fertigen. Die Omnibusform war damals bei allen Fahrzeugen als Stilelement bei Magirus-Deutz zu finden. Bei aller Schönheit der geschwungenen Linienführung darf man aber die Nachteile dieser Bauweise nicht übersehen, denn die Raumverhältnisse waren eng, da die gesamte Ausrüstung im Fahrzeuginneren untergebracht war und die Fertigung der Karosserie war zudem auch recht teuer. Bild 279 zeigt ein typisches „Omnibus-TLF" der damaligen Zeit und die Abbildung 280 ein ähnliches Fahrzeug in der Allradversion.
1953 wurde erstmals die sog. „offene Bauweise" mit separatem, abgesetztem Kofferaufbau gefertigt. Beide Ausführungen hatten eine in der Fahrzeugmitte eingebaute Pumpe. Beim Omnibustyp lag der Bedienstand im Aufbau; bei der „offenen Bauweise" lag er offen am Fahrzeugende. Soweit feststellbar,

Bild Nr. 276: Magirus-Deutz S 3500 TLF 15 Magirus-Aufbau, Bj. 1952

Bild Nr. 277: Magirus-Deutz S 3500 TLF 15 Magirus-Aufbau (Heckansicht), Bj. 1954

Bild Nr. 278: Magirus-Deutz S 3500 TLF 15 Magirus-Aufbau, Bj. 1954

Bild Nr. 279: Magirus-Deutz S 3500 TLF 15 Magirus-Aufbau, Bj. 1952

Bild Nr. 280: Magirus-Deutz S 3500 A TLF 15 Magirus-Aufbau, Bj. 1953

Bild Nr. 281: Magirus-Deutz S 3500 TLF 15 Magirus-Aufbau, Bj. 1953

wurden 1955 die letzten Omnibusexemplare hergestellt. Das TLF 15/53 — so wurden die in abgesetzter Bauweise gefertigten Fahrzeuge bezeichnet — wurde zunächst nur in Allradausführung hergestellt. Diese auf dem kurzen 3,70 m-Fahrgestell ausgeführten Fahrzeuge wurden auf Veranlassung des bayerischen Innenministeriums entwickelt und boten gute Geländeeigenschaften. Der Typ wurde deshalb auch als „Bayern-Ausführung" bezeichnet.

Die Abbildungen auf Seite 97 zeigen Fahrzeuge dieser Bauform. Mit den Aufnahmen 277 und 278 werden Front- und Heckansicht eines TLF 15 mit Straßenantrieb gegenübergestellt. Im übrigen war das TLF 15/53 in Ganzstahlbauweise mit selbsttragendem Tankaufbau gefertigt. Mit diesen Ausführungen soll zunächst die Beschreibung der von Magirus gefertigten TLF unterbrochen

Bild Nr. 282: Magirus-Deutz S 3500 A TLF 15 Magirus-Aufbau, Bj. 1954

Bild Nr. 283: Magirus-Deutz S 3500 A TLF 15 Magirus-Aufbau, Bj. 1955

werden, um die beim Hauptkonkurrenten, der Firma Metz, stattgefundene Entwicklung zu schildern.

Die Firma Metz, die bekanntlich besonders eng mit Daimler-Benz zusammenarbeitete, bot auf dem neuentwickelten L 3500-Fahrgestell ab 1950 mehrere TLF 15-Ausführungen an. In geringen Stückzahlen und vermutlich schon ab 1949 auf dem L 3250 Vorgängerfahrgestell gefertigt, wurde ein TLF 15 (Bild 285) in halboffener Bauweise ähnlich dem von Magirus gefertigten Modell TLF 15/48. 1950 baute man das TLF 15 mit langem 4,20 m-Radstand bei Metz zum erstenmal mit völlig geschlossenem Aufbau in abgesetzter Bauweise, in der Staffelkabine und Geräteaufbau räumlich getrennt ausgeführt waren. Die Staffelführerhäuser wurden zu der Zeit in stahlbeplankter Holzkonstruktion ausgeführt. Ein typisches Fahrzeug dieser Art, al-

Bild Nr. 284: Magirus-Deutz S 3500 A TLF 15 Magirus-Aufbau, Bj. 1955

Bild Nr. 285: Daimler-Benz LF 3500/36 TLF 15 Metz-Aufbau 7500 kg Gesamtgewicht, Bj. 1950

Bild Nr. 286: Daimler-Benz LF 3500/42 TLF 15 Metz-Aufbau, Bj. 1951

lerdings späterer Fertigung, erkennbar an der mit einem Chromzierrahmen eingefaßten geteilten Frontscheibe, ist auf der Abbildung 290 zu sehen. Der Wagen ist auf einem Allradfahrgestell aufgebaut. Vor allem für städtische Feuerwehren, für die Geländeeinsätze nur sehr selten infrage kamen, wurde auch die ,,normale'' Straßenversion genommen, die auf den Bildern 294 und 295 gezeigt wird. Ähnlich wie Magirus, fertigte auch Metz Sonderausführungen für Hessen (Bild 297) und Bayern (Bild 298). Während das ,,Hessen-TLF'' auf dem langen 4,20 m-Fahrgestell aufgebaut wurde, lieferte Metz die Bayern-Ausführung auf dem kurzen 3,60 m-Allradfahrgestell, da hier vom Besteller besonders gute Geländeeigenschaften gefordert wurden. Die Aufnahme 292 zeigt ein sehr seltenes und ungewöhnliches TLF 15, das im Gegensatz zur Standardbauweise, wobei für Fahrzeuge mit Straßenantrieb nur die langen 4,20 m-Radstände verwendet wurden, mit dem kurzen 3,60 m-Radstand ausgebildet war. Eine weitere Besonderheit ist auf Bild 291 zu sehen, ein Metz TLF 15 von 1954, das versuchsweise Lamellenverschlüsse erhielt, die serienmäßig erst viel später eingeführt wurden. Der seinerzeit an die Berufsfeuerwehr Karlsruhe gelieferte Wagen befindet sich heute bei einer freiwilligen Feuerwehr in Dienst.

Bild Nr. 287: Daimler-Benz LF 3500/42 TLF 15 Metz-Aufbau, Bj. 1952

Bild Nr. 288: Daimler-Benz LAF 3500/42 TLF 15 Metz-Aufbau, Bj. 1952

Bild Nr. 289: Daimler-Benz LF 3500/42 TLF 15 Metz-Glasenapp-Aufbau, Bj. 1953

Bild Nr. 290: Daimler-Benz LAF 3500/42 TLF 15 Metz-Aufbau, Bj. 1954

Bild Nr. 291: Daimler-Benz LAF 3500/42 TLF 15 Metz-Aufbau (versuchsweise mit Lamellenverschlüssen), Bj. 1954

Bild Nr. 292: Daimler-Benz LF 3500/36 TLF 15 Metz-Aufbau (kurzer Radstand), Bj. 1951

Bild Nr. 293: Daimler-Benz LF 3500/42 TLF 15 Bachert-Aufbau, Bj. 1952

Bild Nr. 294: Daimler-Benz LF 3500/42 TLF 15 Metz-Aufbau, Bj. 1953

Bild Nr. 295: Daimler-Benz LF 3500/42 TLF 15 Metz-Aufbau, Bj. 1953

Bild Nr. 296: Daimler-Benz LAF 311/36 TLF 15 Metz-Aufbau, Bj. 1955

Bild Nr. 297: Daimler-Benz LF 3500/42 TLF 15 Metz-Aufbau (Hessen-Ausführung) 8250 kg Gesamtgewicht, Bj. 1951

Bild Nr. 298: Daimler-Benz LAF 311/36 TLF 15 Metz-Aufbau (Bayern-Ausführung), Bj. 1955

Bild Nr. 299: Daimler-Benz LAF 3500/36 TLF 15 Metz-Aufbau, Bj. 1955

Bild Nr. 300: Magirus-Deutz F 125 Mercur A TLF 16 Magirus-Aufbau (mit Auer-Rundumkennleuchten), Bj. 1961

Ab 1951 wurde als dritte TLF-Ausführung von Metz eine zeitlang die Omnibusform gebaut, deren Vor- und Nachteile bereits bei den entsprechenden Fahrzeugen von Magirus beschrieben wurden. Die Aufnahmen 286 und 287 zeigen zwei noch heute in Dienst befindliche Fahrzeuge, die grundsätzlich auf den 4,20 m-Fahrgestellen aufgebaut wurden. Sehr selten ist das Fahrzeug auf Bild 288, ein Omnibus-TLF auf Allradfahrgestell.

Der äußerlich kaum von der Metz-Omnibusform zu unterscheidende Wagen auf Bild 289 ist ein von der Berliner Firma Glasenapp aufgebautes Fahrzeug. Diese Firma belieferte ausschließlich die BF Berlin. Nach dessen Aussonderung wurde dieses TLF an die Feuerwehr Vaduz/Liechtenstein verkauft, die diesen Wagen anschließend an die österreichische Feuerwehr St. Gallenkirch weiterveräußerte. 1985 stand dieses Fahrzeug dort noch im Einsatz. Dieses Beispiel soll auch belegen, daß bei größeren Wehren ausgemusterte Fahrzeuge bei kleineren Wehren noch gute Dienste verrichten.

Bild Nr. 301: Magirus-Deutz F 125 Mercur A TLF 16 Magirus-Aufbau, Bj. 1960

Die Omnibuslinie wurde bei Metz — im Gegensatz zu Magirus — nicht konsequent weiterverfolgt, sondern blieb nur eine recht kurzfristige Modeerscheinung der Jahre 1951-53.

Bild Nr. 302: Magirus-Deutz F 125 Mercur A TLF 16 Magirus-Aufbau, Bj. 1960

Bild Nr. 303: Magirus-Deutz F 125 Mercur A TLF 28/24 Magirus-Aufbau, Bj. 1961

Bild Nr. 304: Daimler-Benz LAF 311/36 TLF 16 Metz-Aufbau, Bj. 1956

1955 wurde mit Einführung der DIN-Norm 14530 die Pumpen-Nennleistung von 1500 auf 1600 l/min. angehoben. Magirus-Deutz fertigte diese nun als TLF 16 bezeichneten Löschfahrzeuge auf dem kurzen 3,70 m-Fahrgestell vornehmlich in Allradausführung. Diese Bauweise bot eine wesentlich verbesserte Geländegängigkeit. Der rückwärtige Pumpenstand wurde nun in geschlossener Bauart ausgeführt und in dieser Form ohne wesentliche Änderungen auch für die Folgegeneration, die ab 1962 gefertigten Eckhauber, beibehalten. Die Bilder 300—303 zeigen TLF 16 in dieser Ausführung, wobei auf Abbildung 303 ein an eine schweizer Feuerwehr geliefertes Fahrzeug — erkennbar an den Trilex-Felgen der Vorderachse — zu sehen ist. Die Schweizer Wehren verwendeten allgemein Pumpen mit höheren Leistungen, in diesem Fall 2800 l/min.

Anfang der 50er Jahre begann Daimler-Benz auch Fahrgestelle an andere Aufbauhersteller zu liefern. Zu den ersten Beziehern gehörte die Firma Bachert, die das auf Bild 293 gezeigte TLF 15 aus dem Jahre 1952 fertigte. Der ursprünglich an eine freiwillige Feuerwehr gelieferte Wagen wurde vor einiger Zeit von einer Werkfeuerwehr gekauft und dort nach vollständigen Aufarbeitung wieder in Dienst gestellt.

Bild Nr. 305: Daimler-Benz LF 311/36 TLF 16 Metz-Aufbau, Bj. 1957

Bild Nr. 306: Daimler-Benz LAF 312/42 TLF 16 Metz-Aufbau Hessen-Ausführung, Bj. 1956

Bild Nr. 307: Daimler-Benz LF 311/42 TLF 16 Metz-Aufbau, Bj. 1956

Bild Nr. 308: Daimler-Benz LAF 311/36 TLF 16 Metz-Aufbau, Bj. 1959

Bild Nr. 309: Daimler-Benz LF 312/42 TLF 16 Metz-Aufbau, Bj. 1958

Bild Nr. 310: Daimler-Benz LAF 311/36 TLF 16 Graaff-Aufbau, Bj. 1959

Bild Nr. 311: Daimler-Benz LF 311/36 TLF 16 Bachert-Aufbau, Bj. 1960

Bild Nr. 312: Daimler-Benz LAF 311/36 TLF 16 Bachert-Aufbau Lamellenverschlüsse, Bj. 1957

Bild Nr. 313: Daimler-Benz LF 312/42 TLF 16 Metz-Glasenapp-Aufbau (ex. BF Berlin), Bj. 1957

Bild Nr. 314: Daimler-Benz LAF 311/36 TLFA 2400 Pumpe 1600 l/min Metz-Haberkorn-Aufbau, Bj. 1959

Ende der 50er Jahre wurde die Metz-Kabine nochmals modifiziert und erhielt eine gewölbte Frontscheibe und in Zierrahmen eingefaßte Seitenfenster (Bild 308). Daneben gab es in kleinen Stückzahlen auch weiterhin TLF 16 auf 4,20 m-Fahrgestellen (Bild 307 und 309). Ein TLF 16 in einer späteren „Hessen-Ausführung" von 1956 auf Allradfahrgestell mit langem Radstand zeigt die Abbildung 306.

Es wurde bereits erwähnt, daß Daimler-Benz auch andere Aufbauhersteller mit Fahrgestellen belieferte. Ab Mitte der 50er Jahre setzte sich dieser Trend verstärkt fort. Diese Entwicklung führte schließlich 1972 zur Aufkündigung des bisher bestehenden Kooperationsvertrages zwischen Metz und Daimler-Benz. Auf den folgenden Abbildungen (310 ff) sind TLF 16 verschiedener Aufbauhersteller zu finden, die damit zu Metz in Konkurrenz traten. Neben der erwähnten Firma Bachert traten im Laufe der Zeit die Firmen Graaff, Ziegler und Meyer-Hagen hinzu. Ein typisches Berliner Fahrzeug zeigt Bild 313, das jetzt einer Werkfeuerwehr angehört. Das 1957 aufgebaute Glasenapp-TLF verfügt über das 4,20 m-Fahrgestell. Selbstverständlich lieferte Daimler-Benz Fahrgestelle für Feuerwehrzwecke auch ins Ausland. Die österreichische Firma Rosenbauer, aber auch die Firma Haberkorn, erlangten eine gewisse Bedeutung bei der Produktion von TLF auf Daimler-Benz-Fahrgestellen. Allgemein wurden die kurzen Allradfahrgestelle geordert, die den Geländegegebenheiten Österreichs besser als die Straßenversionen entsprachen. Auf Seite 106 sind 3 verschiedene österreichische Fahrzeuge abgebildet.

Bei Metz vollzog sich 1955/56 der Übergang zum Geräteaufbau in Ganzstahlbauweise, erkennbar an der durchgehenden Frontscheibe, während die abgesetzte Kabine bis ca. 1958 weiterhin als Holzgerippe-Konstruktion ausgeführt war. Allgemein wurde beim TLF die Allradausführung auf dem kurzen 3,60 m-Fahrgestell gebaut (Bild 304). Bild 305 zeigt ein gleiches Fahrzeug mit Straßenfahrgestell, das wohl nur in wenigen Exemplaren hergestellt wurde.

Bild Nr. 315: Daimler-Benz LAF 311/36 TLFA 2000 Pumpe 1200 l/min Rosenbauer-Aufbau, Bj. 1959

Bild Nr. 316: Daimler-Benz LAF 311/36 TLFA 2400 Pumpe 2400 l/min. Rosenbauer-Aufbau, Bj. 1959

Bild Nr. 317: Daimler-Benz LAF 311/36 TLF 16 Meyer-Hagen-Aufbau, Bj. 1957

Bild Nr. 318: Daimler-Benz LAF 311/36 TLF 16 Ziegler-Aufbau, Bj. 1960

Bild Nr. 319: Henschel HS 100 TLFA 2500 Pumpe 1000 l/min Rosenbauer-Aufbau, Bj. 1960

Bild Nr. 320: Ford FK 3500 TLF 15 Rosenbauer-Aufbau, Bj. 1954

Bild Nr. 321: Borgward B 555A TLF 16 Ziegler-Aufbau, Bj. 1961

Bild Nr. 322: Saviem RS TLF 16 Magirus-Aufbau, Bj. 1956

Bild Nr. 323: Delahaye TLF 15, Bj. 1949

Bild Nr. 324: Unic ZU 66 A/N TLF 16 Metz-Aufbau, Bj. 1957

Hier nun drei seltene Tanklöschfahrzeuge: Henschel HS 100 TLF 2000 mit Rosenbauer-Aufbau von 1960 (Bild 319), Ford FK 3500 TLF 15, ebenfalls von Rosenbauer aufgebaut von 1954. Der Wagen war bis ca. 1968 bei der FF Waidhofen a.d. Thaya/Österreich im Einsatzdienst. Das dritte Fahrzeug ist ein Borgward B 555 A TLF 16 mit Ziegler-Aufbau, der sich bei der FF Baumholder im Dienst befindet. Von dieser Ausführung sollen nur zwei Exemplare gebaut worden sein.

Die Seite 108 zeigt drei Tanklöschfahrzeuge aus dem Saarland, die auf Fahrgestelle französischer Herkunft aufgebaut wurden. Das Foto Nr. 322 zeigt einen Saviem-RS als TLF 16 mit Magirus-Aufbau, der an die FF Völklingen geliefert wurde und nun der Feuerwehr Carling in Frankreich gehört. Der Typ Saviem RS ist fast identisch mit der Marke Latil, deren Fahrgestell mit gleichem Aufbau noch häufiger an verschiedene saarländische Wehren geliefert wurde. Während man das Delahaye-TLF wohl nur in wenigen Exemplaren fertigte (Bild 323), wurde das auf Bild 324 gezeigte Unic TLF 16 in einer Sonderserie von Metz aufgebaut. Zum Abschluß des Kapitels über Tanklöschfahrzeuge ein Frontlenkerfahrzeug Daimler-Benz LPF 311/36 als TLF 16 mit Bachert-Aufbau von 1959 (Bild 325). Ein Einzelstück dürfte das TLF 32 auf Daimler-Benz L 5000/48-Fahrgestell sein, das Metz 1953 für eine Werkfeuerwehr fertigte. Damit soll auch ein schweres Daimler-Benz-Fahrgestell vorgestellt werden, die im übrigen auf dem Tanklöschfahrzeugsektor keine Rolle spielten.

Bild Nr. 325: Daimler-Benz LPF 311/36 TLF 16 Bachert-Aufbau 2800 l Wassertank 115 PS, Bj. 1959

Bild Nr. 326: Daimler-Benz LF 5000/48 TLF 32 Metz-Aufbau, Bj. 1953

Bild Nr. 327: Magirus-Deutz S 3500 A TLF 15-T Magirus-Aufbau, Bj. 1954

Bild Nr. 328: Magirus-Deutz F 125 Mercur A TLF 16/29-T Ottenbacher-Aufbau 10000 kg Gesamtgewicht, Bj. 1962

Bild Nr. 329: Ford FK 3500 TLF 15-T Graaff-Aufbau, Bj. 1954

5.6. Tanklöschfahrzeuge TLF 15/TLF 16-T

Eine Abart des TLF 15/16 stellt dieses besonders häufig von niedersächsischen Wehren zur Brandbekämpfung in den ausgedehnten Wald- und Heidegebieten beschaffte Tanklöschfahrzeug dar. Oft auch als ,,Waldbrand-TLF'' bezeichnet und speziell für Einsätze abseits der Straßen konzipiert, wurden diese Löschfahrzeuge fast ausschließlich mit Allradantrieb und kurzen Radständen geliefert.

Der wesentliche Unterschied zum ,,normalen'' TLF bestand in dem um 400 l auf 2800 l vergrößerten Wasservorrat. Damit der größere Wassertank räumlich und gewichtsmäßig auf den Fahrgestellen untergebracht werden konnte, wurden die Fahrzeuge — wie das ,,T'' schon besagt — nur mit der Standard-Lkw-Kabine, dem sog. Truppführerhaus für 3 Mann Besatzung, hergestellt. Durch den relativ großen Wasservorrat waren diese Fahrzeuge aber auch als Zubringerfahrzeuge geeignet, um für Löschwassernachschub an abseits der Wasserversorgung liegenden Brandstellen, etwa im Pendelverkehr, zu sorgen. Die Geräteausstattung, besonders der nur geringe Schlauchvorrat und die Besatzungsstärke war aber zugunsten der Wassermenge so gering gehalten, daß diese Fahrzeuge in der Regel keinen selbständigen Löschangriff durchführen konnten.

Bild Nr. 330: Daimler-Benz LAF 311/36 TLF 16-T Metz-Aufbau, Bj. 1957

Bild Nr. 331: Daimler-Benz LAF 311/36 TLF 16-T Ziegler-Aufbau, Bj. 1960

Die zusätzlich eingebaute Schnellangriffseinrichtung ermöglichte es dem TLF, mit dem Löschangriff sofort zu beginnen. Bereits bei der Anfahrt an den Brandherd konnte vom Fahrzeug aus durch ein auf dem Dach vielfach angebrachtes Wendestrahlrohr Wasser gegeben werden. Dieses war von hinten über das Dach zugängig. Damit konnte das Löschfahrzeug näher an den Brandherd heranfahren, denn die Wasserwand aus dem Strahlrohr schirmte es gegen die Hitze ab.

Die Hauptlieferanten der Fahrgestelle waren Magirus-Deutz mit dem S 3500 A bzw. Mercur 125 A und Daimler-Benz mit den LA 3500/311-Typen. Während Magirus-Deutz Aufbauten und Ausrüstung aus eigener Fabrikationsstätte lieferte, wurden auf Daimler-Benz-Fahrgestelle zumeist Aufbauten der Fa. Metz, in geringeren Stückzahlen aber auch anderer Hersteller, gefertigt.

Wohl ein Einzelstück ist der auf Bild 329 gezeigte Ford Fk 3500 mit Graaff-Aufbau, der bis Anfang 1980 im Dienst stand. Auch der Magirus auf Bild 328 wurde dem Vernehmen nach nur in einer Kleinserie von 4 Stück örtlich hergestellt.

Auch heute befinden sich viele dieser universell verwendbaren Tanklöschfahrzeuge noch in den Einsatzbeständen der Feuerwehren.

Bild Nr. 332: Daimler-Benz LAF 311/36 TLF 16-T Graaff-Aufbau, Bj. 1955

Bild Nr. 333: Ford FK 1000/15 DL 8,6 m Steyaert-Leiter, Bj. 1957

Bild Nr. 334: VW Typ 26 DL 10 m Meyer-Hagen-Aufbau, Bj. 1962

5.7. Drehleitern

In den ersten Nachkriegsjahren mußten sich die Wehren mit Drehleitern der Kriegs- und Vorkriegsepochen behelfen, da neue Konstruktionen zunächst noch nicht zur Verfügung standen. Wie in allen anderen Bereichen des Feuerwehrfahrzeugwesens wurden die noch verfügbaren Exemplare einsatzbereit gehalten, oder, so gut es ging, wieder instand gesetzt.

Bild Nr. 335: Magirus-Deutz S 3000 DL 17 m Magirus-Aufbau, Bj. 1949

Bild Nr. 336: Opel Blitz 1,75 t DL 18 m Metz-Aufbau, Bj. 1956

Bild Nr. 337: Opel Blitz 1,75 t DL 18 m Metz-Aufbau, Bj. 1959

Bild Nr. 338: Opel Blitz 1,75 t DL 18 m Magirus-Aufbau mit Vorbaupumpe FP 8/8, Bj. 1956

Bild Nr. 339: Opel-Blitz 1,75 t DL 18 m Magirus-Aufbau, Bj. 1959

Bild Nr. 340: Magirus-Deutz 90 D7 Sirius DL 18 h Magirus-Deutz, 1966

Bild Nr. 341: Magirus-Deutz F 125 Mercur DL 18 m Magirus-Aufbau, Bj. 1956

Bild Nr. 342: Borgward B 2500 DL 17 m Metz-Aufbau, Bj. 1955

Bild Nr. 343: Renault 2168 DL 18 m (bei einer saarländ. Wehr im Einsatz), Bj. 1957

Bild Nr. 344:Daimler-Benz LF 311/42 DL 18 m Metz-Aufbau, Bj. 1960

Bild Nr. 345: Daimler-Benz LF 311/42 DL 18 m Metz-Aufbau, Bj. 1958

Im Juni 1948 machte Magirus-Deutz den Anfang und stellte mit einer DL 22 auf dem S 3000-Fahrgestell die erste Drehleiterneukonstruktion vor. Diese Leiter war mit mechanischem Antrieb versehen und bis auf das nun verwendete Staffelführerhaus entsprach das Fahrzeug weitgehend den vereinheitlichten Kraftfahrdrehleitern der Kriegszeit. Der für dieses Fahrgestell bis dahin verwendete wassergekühlte 80 PS Dieselmotor, wurde durch ein luftgekühltes Antriebsaggregat mit 75 PS Leistung ersetzt. Auf dem S 3000 (ab 1949 als S 3500 bezeichnet) wurden auch DL 17 (Bild 335) und DL 22 mit Truppführerhaus (Bild 346) aufgebaut. Für die DL 17 verwandte Magirus aber alsbald leichtere Fahrgestelle (z.B. Opel Blitz 1,75 t) in Ermangelung eigener Konstruktionen, da sich das S 3000-Chassis als zu schwer und aufwendig erwiesen hatte. Aus der DL 22 entstand durch geringfügige Verlängerung der Teile des Leitersatzes eine DL 25. Ein solches, äußerlich kaum von der DL 22 zu unterscheidendes Fahrzeug zeigt Bild 348. Auf Bild 347 ist eine durch Umbau aus einem TLF 15/48 entstandene DL 24 mit Metz-Leiterpark zu sehen.

1951 erhielten Motorhaube und Führerhaus des S 3500 ein neues, abgerundetes Aussehen. Von dieser Variante wurden 1951/52 auch DL 25 mit Staffelführerhaus (Bild 349) gefertigt. Eine seltene Ausnahme ist die wohl nur in ganz wenigen Exemplaren gefertigte Leiter mit Truppführerhaus auf Bild 350.

Anfangs standen für Drehleitern nur 3 t-Fahrgestelle zur Verfügung. Um dem dringenden Bedarf an längeren Leitern abzuhelfen, wurden 1951/52 einige wenige Leitern mit 26 und 30 m Auszugslängen auf schwere Magirus S 6000-Fahrgestelle, die Vorläufer des S 6500, gefertigt. Die Feuerwehr Apeldoorn in Holland beschaffte 1951 eine DL 30 (Bild 371), deren Staffelführerhaus von der Firma Kronenburg karossiert wurde. Der S 6000 war aber nur ein kurzlebiger Zwischentyp, der bald vom S 6500 Rundhauber abgelöst wurde. Schon 1951 hatte Magirus-Deutz mit einer DL 52 + 2 auf diesem Fahrgestell mit 175 PS V 8-Motor die damals höchste Leiter der Welt auf der Frankfurter Automobilausstellung präsentiert.

Bild Nr. 346: Magirus-Deutz S 3000 DL 22 m Magirus-Aufbau, Bj. 1949

Bild Nr. 347: Magirus-Deutz S 3000 DL 24 m Metz-Aufbau, Bj. 1949

Bild Nr. 348: Magirus-Deutz S 3500 DL 25 m Magirus-Aufbau (ursprünglich für die US-Army gefertigt), Bj. 1951

Bild Nr. 349: Magirus-Deutz S 3500 DL 25 m Magirus-Aufbau, Bj. 1953

Im Jahre 1953 wartete Magirus mit der ersten Drehleiter mit stufenlos regelbarem ölhydraulischen Getriebe für das Aufrichten und Ausziehen der Leiter auf. Es war eine DL 25 auf S 3500-Fahrgestell. Seitdem setzten sich die hydraulischen Antriebe, die die Möglichkeit einer einfacheren und genaueren Bedienung boten, immer mehr durch. Bis Anfang der 60er Jahre hatten sie die mechanischen Leitern, die zunächst in den Lieferprogrammen der Hersteller noch parallel angeboten wurden, weitgehend vom Markt verdrängt. Seitdem gab es fast nur Leitern mit kleinen Auszugslängen (bis DL 18) mit mechanischen Antrieben.

Ab ca. 1952 begann die Ära der Rundhauberfahrzeuge und von den verschiedenen Fahrgestellen, wurden in großen Stückzahlen die mittelschweren Typen S 3500 (ab 1955 als Mercur 125 bezeichnet) für DL 25 und 30 verwendet. Vereinzelt wurden auch diese Fahrgestelle als Basis für DL 18 (Bild 340 und 341) verwendet. Leitern mit größeren Auszugslängen wurden auf dem schweren S 6500-Fahrgestellangeboten, wobei die schweren, wenn auch teureren Fahrgestelle die Vorteile höherer Standfestigkeit und besserer Fahreigenschaften boten. An dieser Stelle muß gesagt werden, daß in Deutschland überwiegend Leitern mit Steighöhen zwischen 22 und 32 Metern beschafft wurden, denn die Erfahrungen (nicht zuletzt mit den 4 während des 3. Reiches gelieferten DL 46) hatten gezeigt, daß der praktische Einsatzwert einer Drehleiter mit wachsender Steighöhe rasch abnimmt (zu geringe Ausladung, zu hohes Gewicht, zu schwieriges Besteigen und zu geringe Wendigkeit).

Deshalb wurden in der Nachkriegszeit Leitern mit Auszugslängen über 30 Meter von deutschen Feuerwehren nur selten beschafft.

Bild Nr. 350: Magirus-Deutz S 3500 DL 25 m Magirus-Aufbau (Truppkabine), Bj. 1952

Bild Nr. 351: Daimler-Benz LF 3500/36 DL 22 m Metz-Aufbau, Bj. 1950

Bild Nr. 352: Daimler-Benz LF 3500/42 DL 22 m Metz-Aufbau, Bj. 1951

Bild Nr. 353: Daimler-Benz LF 3500/42 DL 22 m Metz-Aufbau 8250 kg Gesamtgewicht, Bj. 1954

Bild Nr. 354: Daimler-Benz LF 3500/42 DL 22 m Metz-Aufbau Vorbaupumpe FP 16/8, Bj. 1951

Bild Nr. 355: Daimler-Benz LF 3500/42 DL 25 m Metz-Aufbau, Bj. 1951

Bild Nr. 356: Daimler-Benz LF 311/42 DL 25 m Metz-Aufbau 9000 kg Gesamtgewicht, Bj. 1956

Bild Nr. 357: Daimler-Benz LF 311/42 DL 25 m Metz-Aufbau, Bj. 1958

Zu den Ausnahmen gehörten einige DL 37, die Magirus und Metz lieferten. Der Trend ging immer mehr zur DL 30, die von Gewicht und Abmessungen her universell einsetzbar war und nahezu allen Anforderungen gerecht werden konnte. Bisher ist nur über Entwicklung und Konstruktionsleistungen der Firma Magirus gesprochen worden. Nach 1945 gab es noch die Firma Metz in Karlsruhe, die mit ähnlich gutem technischen Standard auf dem Drehleitersektor aufwarten konnte. Ab ca. 1949 nahm Metz ebenfalls den Bau von Drehleitern wieder auf. Man verwendete hauptsächlich Fahrgestelle von Daimler-Benz, da sich die Zusammenarbeit beider Unternehmen sehr eng gestaltet hatte, was sich nicht zuletzt in der Herausgabe gemeinsamer Verkaufsprospekte ausdrückte. Die Konstrukteure von Metz verwandten zum Aufrichten der Leitern weiterhin den charakteristischen robusten, mechanischen Kettendrehkranz, während Magirus den in den 30er Jahren eingeführten Schnecken-Spindelantrieb bevorzugte.

Bild Nr. 358: Daimler-Benz LF 325/46 DL 26 m Metz-Aufbau, Bj. 1956

Bild Nr. 359: Daimler-Benz LF 3500/42 DL 27 m Metz-Aufbau (Truppkabine), Bj. 1952

Daimler-Benz hatte mit dem Typ L 3500 (ab 1955 L 311) ein leistungsfähiges mittelschweres Lkw-Fahrgestell auf den Markt gebracht, das sich in seiner Klasse schnell zum Marktführer herausbildete. Auf diese Fahrgestelle wurden die meisten Metz-Leitern der folgenden Jahre aufgebaut und somit zum Hauptkonkurrenten zu den von Magirus angebotenen S 3500-Typen. Bild 351 zeigt eine DL 22 mit kurzem 3,60 m-Radstand des Jahres 1950. Die Leiter, die sich noch 1985 bei der FF Mayrhofen (Österreich) im Dienst befand, wurde ursprünglich von der Feuerwehr Bad Homburg in Dienst gestellt. Auch von Metz wurden überwiegend Leiterlängen von 22 und 25 Metern angeboten. Die Fahrzeuge

Bild Nr. 360: Daimler-Benz LF 3500/42 DL 26 m Metz-Aufbau (Truppkabine), Bj. 1954

Bild Nr. 361: Magirus-Deutz F 125 Mercur DL 25 h Magirus-Aufbau Truppkabine), Bj. 1960

Bild Nr. 362: Magirus-Deutz S 3500 DL 25 m Magirus-Aufbau (mit Vorbauseilwinde), Bj. 1954

Bild Nr. 363: Magirus-Deutz F 125 Mercur DL 25 h Magirus-Aufbau, Bj. 1963

Bild Nr. 364: Magirus-Deutz F 125 Mercur DL 25 m Magirus-Aufbau, Bj. 1956

Bild Nr. 365: Berliet CLC 6a DL 25 mit Metz-Aufbau, Bj. 1954

Bild Nr. 366: Magirus-Deutz F 125 Mercur DL 30 h Magirus-Aufbau, Bj. 1958

Bild Nr. 367: Magirus-Deutz F 125 Mercur DL 30 h Magirus-Aufbau, Bj. 1963

Bild Nr. 368: Magirus-Deutz F 125 Mercur DL 30 h Magirus-Aufbau (Truppkabine, kurzer Radstand), Bj. 1961

Bild Nr. 369: Magirus-Deutz S 6500 DL 30 m Magirus-Geens-Aufbau (Truppkabine) 12600 kg Gesamtgewicht, Bj. 1953

Bild Nr. 370: Magirus-Deutz S 6500 DL 30 h Magirus-Aufbau (ex. BF Bremerhaven), Bj. 1959

Bild Nr. 371: Magirus-Deutz S 6000 DL 30 m Magirus-Aufbau, Bj. 1951

verfügten in der Regel über Staffelkabinen und waren auch vereinzelt mit Vorbaupumpen ausgerüstet. Die Metz-Staffelkabinen wurden bis ca. Mitte der 50er Jahre mit an der Rückwand abgerundeten Dachkanten ausgebildet, um eine 360°-Drehung des Leiterstuhls zu ermöglichen. Für Leitern mit größeren Auszugslängen wurden schwerere Daimler-Benz-Fahrgestelle verwendet. Schon 1949 lieferte man eine 30 m-Leiter (Bild 372) an die Berufsfeuerwehr Gent (Belgien), die auf ein Daimler-Benz L 5000-Fahrgestell, dem weitgehend unveränderten Nachfolgemodell des L 4500-Kriegsfahrgestells. Das Fahrzeug befand sich 1984 noch im Einsatzdienst einer belgischen freiwilligen Feuerwehr. Eine DL 32 des Baujahrs 1950 auf ähnlichem Fahrgestell ist auf Bild 373 zu sehen. Der Daimler-Benz L 6600 mit 145 PS Dieselmotor wurde überwiegend für größere Metz-Leitern ab 30 m Auszugslänge verwandt. Aber auch das L 325-Fahrgestell, Nachfolgemodell des L 5000, wurde mit ähnlichen Aufbauten versehen. Relativ selten wurde das 3,5 t-Fahrgestell des L 3500/L311 für Leitern mit 30 m Steighöhe genommen. Ein solcher Wagen ist auf den Bildern 374 und 375 zu sehen. Das 1959 gelieferte Leiterfahrzeug ging an die Feuerwehr Sindelfingen. Als Besonderheit verfügte dieses Fahrzeug über den unüblich langen Radstand von 4,80 m.

Bild Nr. 372: Daimler-Benz L 5000 F DL 30 m Metz-Aufbau, Bj. 1949

Bild Nr. 373: Daimler-Benz L 5000 F DL 32 m Metz-Aufbau 125 PS 7274 ccm 14760 kg Gesamtgewicht, Bj. 1950

Zur letzten Bauausführung zählt die jetzt der FF Marktheidenfeld gehörende DL 37 auf Daimler-Benz L 331/52-Fahrgestell. Der 1959 gebaute Wagen verfügte über eine gerundete Frontscheibe, wurde ursprünglich an die Berufsfeuerwehr Karlsruhe geliefert und ist auf Bild 380 zu sehen.

Bild Nr. 374: Daimler-Benz LF 321/48 DL 30 h Metz-Aufbau 11000 kg Gesamtgewicht 123 PS, Bj. 1959

Bild Nr. 375: Daimler-Benz LF 321/48 DL 30 h Metz-Aufbau (Heckansicht), Bj. 1959

Bild Nr. 376: Daimler-Benz LKo 315/46 DL 30 m Metz-Aufbau 14600 kg Gesamtgewicht, Bj. 1955

Bild Nr. 377: Daimler-Benz LPF 1418 DL 30 h Metz-Aufbau 180 PS (ex. BF Hagen), Bj. 1964

Bild Nr. 378: Daimler-Benz LKo 315/52 DL 37 m Metz-Aufbau 15000 kg Gesamtgewicht, Bj. 1955

Bild Nr. 379: Daimler-Benz LF 325/46 DL 30 m 125 PS Metz-Aufbau, Bj. 1955

Bild Nr. 380: Daimler-Benz LF 331/52 DL 37 h Metz-Aufbau (ex. BF Karlsruhe) 172 PS, Bj. 1959

Bild Nr. 381: Daimler-Benz LF 325/46 DL 30 m Metz-Aufbau (ex. BF Fürth) 14600 kg Gesamtgewicht, Bj. 1955

Bild Nr. 382: Daimler-Benz LF 326/52 DL 37 m Metz-Aufbau (ex. BF Wolfsburg), Bj. 1957

Bild Nr. 383: Daimler-Benz LPF 338/50 DL 37 + 3 h Metz-Aufbau 12180 kg Gesamtgewicht, Bj. 1961

Frontlenkerfahrgestelle, damals „LP" bezeichnet, fanden ab Mitte der 50er Jahre in wenigen Exemplaren Eingang in die Einsatzbestände der Feuerwehren. Die Bilder 377 und 383 zeigen Fahrzeuge dieser Bauart. Den Frontlenkern hafteten Vorurteile (z.B. eine geringere Sicherheit bei Frontalzusammenstößen) an, weshalb sie von den Feuerwehren nur zögernd beschafft wurden. Eine Ausnahme machte die Berufsfeuerwehr Hamburg, die ihren gesamten Fahrzeugpark sehr frühzeitig auf Frontlenker umstellte.

Noch einige Worte zu den Normungen. Um eine Vereinheitlichung bei den Leiterlängen zu erreichen, erschien 1957 die erste Normvorschrift nach dem Kriege, die noch 7 Typen enthielt, nämlich mit 12, 18, 25, 30, 37, 44 und 50 m Steighöhe. Es waren, wie die Praxis erwies, immer noch zu viele Typen.

Bild Nr. 384: Magirus-Deutz S 6500 DL 37 m Magirus-Aufbau (Truppkabine), Bj. 1955

Bild Nr. 385: Daimler-Benz LF 5000 DL 37 m Metz-Aufbau 125 PS 14700 kg Gesamtgewicht, Bj. 1954

Bei großen Wehren sind diese Modelle allenfalls noch im Reservedienst vertreten. Kleinen Feuerwehren leisten diese Fahrzeuge manchmal noch gute Dienste.

Wie schon erwähnt, waren die Firmen Metz und Magirus auf dem Drehleitersektor führend und beherrschten eindeutig den Markt. Andere Herstellerfirmen, wie z.B. Bachert, kamen nur bei Leitern mit geringen Steighöhen (z.B. DL 18) zum Zuge. Auf die Langlebigkeit der Drehleitern, bedingt durch den hohen Beschaffungspreis und die geringe Abnutzung durch Auslastung, soll an dieser Stelle besonders hingewiesen werden. Sogar Leitern der 20er und 30er Jahre mußten teilweise bis 1970 und länger Einsatz- oder Reservedienste leisten, bis es die finanzielle Lage ermöglichte, diese mittlerweile stark überalterten Jahrgänge in den Ruhestand zu versetzen. Auch den ersten Nachkriegsbeschaffungen geht es schon lange an den Kragen.

Bild Nr. 386: Daimler-Benz LF 325/46 DL 37 m Metz-Aufbau 14760 kg Gesamtgewicht, Bj. 1956

5.8. Gerätewagen aller Art

In der Nachkriegszeit wurden die Feuerwehren immer häufiger mit den vielfältigen Aufgaben der technischen Hilfeleistung konfrontiert. Für diese Zwecke mußten Spezialfahrzeuge beschafft bzw. umgebaut werden. Schon in den 20er und 30er Jahren orderten die größeren Wehren schon vereinzelt Rüst- und Gerätewagen, die man damals zumeist als Pionierfahrzeuge bezeichnete. Die typisierte Fahrzeugreihe des 3. Reiches sah ebenfalls Rüstkraftwagen verschiedener Größenordnung vor, die aber infolge der Kriegsereignisse nicht mehr gebaut werden konnten. Alle Fahrzeuge dieser Art verfügten über einen heckseitig angebrachten Klappkran zwischen 3 und 4,5 t Tragkraft.

Nach 1945 wurden diese Kranfahrzeuge zunächst weiter als Rüstkraftwagen bezeichnet, später führte man den Begriff ,,Rüstkranwagen'' (siehe Kapitel 5.9.) dafür ein.

Neben Rüstfahrzeugen mit Kraneinrichtung wurden für die Feuerwehren aber auch reine Gerätewagen entwickelt, die über eine umfangreiche Beladung für technische Hilfeleistungen aller Art verfügten. Meist waren diese Fahrzeuge mit einer Seilwinde und einem Generator ausgestattet. Gerätewagen gab es in verschiedenen Größen, die in der Norm als GW 1,2 und 3 bezeichnet wurden.

Bild Nr. 387: Daimler-Benz LF 6600 Gerätewagen GW 3 Metz-Aufbau 145 PS, Bj. 1953

Bild Nr. 388: Daimler-Benz LAF 3500/42 Gerätewagen GW 2 Metz-Aufbau, Vorbauseilwinde, Bj. 1955

Bild Nr. 389: Daimler-Benz LAF 311/36 Gerätewagen GW 2 Metz-Aufbau 115 PS 4580 ccm 9500 kg Gesamtgewicht, Bj. 1958

Heute werden Fahrzeuge mit fest installierten Geräten wie Seilwinde, Generator, Lichtmasten usw. als Rüstwagen (RW) bezeichnet, während die als Gerätewagen eingestuften Fahrzeuge nur noch die für technische Hilfeleistungen erforderlichen Gerätschaften transportieren. Diese Rüstwagen sollen aber nicht mehr Thema dieses Buches sein.

Ein besonders dicker und seltener Brocken ist auf der Abbildung 387 zu sehen: ein GW 3 auf Daimler-Benz L 6600-Fahrgestell, 1953 von Metz für die Werkfeuerwehr Daimler-Benz, Sindelfingen geliefert. Das mit einem Chromkühler versehene imposante Fahrzeug dürfte ein Einzelstück gewesen sein. Recht bekannt ist der Daimler-Benz LAF 3500/42 GW 2 von 1955 mit einem omnibusähnlichen Metz-Aufbau, der an die BF Salzgitter geliefert und noch 1984 bei einem Löschzug der Wehr in Dienst stand (Bild 388). Ein ähnli-

Bild Nr. 390: Daimler-Benz LF 3500/36 Gerätewagen (ex. LF 15) Bachert-Aufbau 90 PS (Eigenumbau), Bj. 1954

Bild Nr. 391: Daimler-Benz L 3500/42 Gerätewagen (Eigenumbau), Bj. 1953

Bild Nr. 392: Daimler-Benz LAF 311/36 Gerätewagen GW 2 Graaff-Aufbau (ex. TLF 16-T) Eigenumbau, Bj. 1956

Bild Nr. 393: Daimler-Benz L 311/36 Gerätewagen Scheulch-Aufbau, Bj. 1960

Bild Nr. 394: Daimler-Benz L 3500 Gerätewagen (Eigenumbau) (ex. Straßenkehrmaschine), Bj. 1954

Bild Nr. 395: Daimler-Benz LAF 3500/42 Gerätewagen (Eigenumbau) (ex. TLF 15) Metz-Aufbau, Bj. 1954

Bild Nr. 396: Magirus-Deutz F 125 Mercur Gerätewagen/LF 8 (mit FP 8/8) Saarbrückner-Karosseriewerke (Aufbau), Bj. 1956

Bild Nr. 397: Magirus-Deutz S 3500 Pikettfahrzeug (ex. Omnibus) Eigenumbau Hänni-Aufbau 11500 kg Gesamtgewicht, Bj. 1954

ches Fahrzeug, allerdings in der späteren, abgesetzten Bauform, lieferte Metz 1958 an die FF Rheine (Bild 389). Der Gerätewagen hat ein Gesamtgewicht von 9500 kg und ist mit einer 3 t-Seilwinde ausgerüstet.

Vielfach bauten sich die Wehren ihren Gerätewagen in Eigenleistung um. Für diesen Zweck wurden die verschiedenartigsten Fahrzeuge verwendet. Das Fahrzeug auf Bild 390 war ein LF 15 mit Bachert-Aufbau, ehe es in den 70er Jahren zu einem Gerätewagen mit Dachbeladung umgebaut wurde. Ein GW 2 wurde aus dem TLF 16-T mit Graaff-Aufbau der Berufsfeuerwehr Oldenburg von der Feuerwehr Jever umgerüstet (Bild 392). Ein ganz kurioses Fahrzeug ist der Gerätewagen auf Bild 394. Aus einer ausgedienten Straßenkehrmaschine baute sich die Flughafenfeuerwehr Bremen ihr eigenes Fahrzeug auf, das sich 1983 noch im Einsatzdienst befand.

Bild Nr. 398: Magirus-Deutz F 125 Mercur A Gerätewagen-Öl (ex. TLF 16) Magirus-Aufbau — Eigenumbau, Bj. 1956

Bild Nr. 399: Magirus-Deutz F 125 Mercur Gerätewagen — Eigenumbau (ex. TLF 16-T — mit extrem kurzem Radstand), Bj. 1956

Ebenfalls ein Einzelstück ist mit Sicherheit der schöne Daimler-Benz L 3500/42 auf der Abbildung 395. Auch dieses Fahrzeug besitzt einen dekorativen Chromkühler, was auf ein Fahrzeug der Werkfeuerwehr der Daimler-Benz AG hindeutet. Offensichtlich wurden damals alle Haubenfahrzeuge, die diese Werkfeuerwehr in Dienst stellte, mit einem solchen Kühler versehen. Das Fahrzeug entstand aus einem von Metz aufgebauten TLF 15 des Baujahrs 1954. Saarländischer Fabrikation ist der ungewöhnliche Magirus-Deutz Gerätewagen auf Bild 396, der mit einer FP 8/8 und umfangreicher Leiter- und Gerätedachbeladung ausgerüstet ist. Das ungenormte Fahrzeug dürfte ein Mittelding zwischen LF 8 schwer und Gerätewagen darstellen und wurde 1956 von den Saarbrücker Karosseriewerken geliefert. Aus einem Omnibus entstand der Gerätewagen auf Bild 397, den

Bild Nr. 400: Magirus-Deutz 125 Mercur Gerätewagen-Öl Eylert-Aufbau (ex. Möbelwagen), Bj. 1963

Bild Nr. 401: Magirus-Deutz F 125 Mercur Gerätewagen-Wasser (GWW) (ex. LF 16) Magirus-Aufbau — Eigenumbau, Bj. 1957

Bild Nr. 402: Opel Blitz 1,5 t Gerätewagen — Eigenumbau, Bj. 1949

Bild Nr. 403: Unimog S 404 Rüstfahrzeug — Eigenumbau, Bj. 1958

Bild Nr. 404: Opel Blitz 1,75 t Gerätewagen — Öl (ex. Lkw) Eigenumbau, Bj. 1953

Bild Nr. 405: Opel Blitz 1,75 t Gerätewagen — Eigenumbau, Bj. 1953

Bild Nr. 406: Opel Blitz 1,75 t Gerätewagen-Atemschutz Meyer-Aufbau, Othmarsingen (Schweiz), Bj. 1960

sich die FF Glarus/Schweiz umbauen ließ. Der dort als Pikettfahrzeug bezeichnete Wagen befand sich 1985 noch im Einsatz. Einen Opel Blitz 1,5 t von 1949 (Bild 402), rüstete eine Wehr zum Gerätewagen um, der mit Sicherheit ein Einzelstück war. Der darunter abgebildete Unimog (Bild 403) — ein Eigenumbau einer österreichischen Papierfabrik — wird dort als Rüstfahrzeug bezeichnet und bietet mit seinem kleinen Kofferaufbau einen recht kuriosen Anblick.

Neben vorgenannten Gerätewagen, die allgemein Geräte zur technischen Hilfeleistung transportierten, gab es auch Gerätewagen für Sonderaufgaben. Sehr verbreitet sind GW-Öl, die selbst bei kleinen Feuerwehren anzutreffen sind. Die Fahrzeuge sind so ausgerüstet, daß mit den mitgeführten Geräten grundwassergefährdende Stoffe aufgenommen und vorübergehend gelagert werden können. Hierzu eigneten sich besonders ehemalige Tanklöschfahrzeuge und Saugwagen. Das ehemalige TLF 16 auf Bild 398 wurde von einer Werkfeuerwehr zum GW-Öl umgebaut. Verbreitet waren aber auch sog. Kofferaufbauten für diese Gerätewagen. Abbildung 400 zeigt einen umgebauten Möbelwagen, den die BF Krefeld als GW-Öl noch heute verwendet. Eine einfachere Lösung in Form eines umgebauten Lkw ist auf Bild 404 zu sehen. Dieser 1953 hergestellte Opel-Blitz 1,75 t gehört zu den ersten Exemplaren dieses Typs.

Größere Verbreitung finden auch Gerätewagen, die für Unfälle auf dem Wasser (als GW-W bezeichnet), in Dienst gestellt wurden. Aufnahme 401 zeigt ein umgebautes Magirus-Deutz LF 16 mit einem Schlauchboot auf dem Dach, das schon äußerlich darauf hindeutet, daß es sich um einen Wasserrettungswagen handelt.

Die nächste größere Gruppe spezieller Gerätewagen stellen die GW-A (Gerätewagen-Atemschutz) dar. Sie sind mit Atemschutzgeräten verschiedener Art und auch zumeist mit eingebauten Flaschenfüllgeräten ausgestattet, um bei Großbränden die Geräte schnell wieder einsatzbereit zu machen.

Als Beispiel für diese Gruppe soll der Opel Blitz 1,75 t mit dem Aufbau eines örtlichen Karosseriebetriebs, der bei der FF Zofingen/Schweiz in Dienst steht, dienen. Mit seiner Panoramafrontscheibe wirkt dieser Feuerwehrwagen recht ungewöhnlich und fremdartig (Bild 406).

Da es jeder Wehr freisteht, Gerätewagen nach den eigenen Bedürfnissen auszurüsten, wenn die Normen für Feuerwehrfahrzeuge eingehalten werden, findet man gerade unter dieser Fahrzeuggruppe sehr viele unterschiedliche Bauformen.

5.9. Rüstkranwagen und Kranwagen

Bild Nr. 407: Magirus-Deutz S 6000 F Rüstkranwagen RKW 7 Magirus-Aufbau 120 PS, 7983 ccm, Bj. 1952

Schon vor dem Kriege begannen sich die Einsätze der Feuerwehren in immer stärkerem Maße auf den Bereich der technischen Hilfeleistung auszuweiten. Nicht zuletzt die rasch steigende Verkehrsdichte auf den Straßen führte dazu, daß die Feuerwehren mit den zur Verfügung stehenden Gerätschaften wie Flaschenzügen und Hebeböcken beispielsweise bei der Bergung und Beseitigung von umgestürzten Lastwagen nach Verkehrsunfällen hoffnungslos überfordert waren. Deshalb begann man schon in den 30er Jahren, geeignete Bergefahrzeuge zu entwickeln, die mit diesen speziellen Aufgaben betraut werden konnten. Ab ca. 1936 wurden an große Berufsfeuerwehren brauchbare Rüstkranwagen — eine Kombination von Bergekran und Gerätewagen — geliefert. Der Kranausleger war am Fahrzeugheck ausklappbar angeordnet und für 4,5 t Last ausgelegt. Ein großer Nachteil war, daß der Ausleger nicht seitlich gedreht werden konnte. Diese Fahrzeuge wurden auf Daimler Benz L 3750-Fahrgestelle aufgebaut und keines dürfte bis in die heu-

Bild Nr. 408: Magirus-Deutz S 6500 Rüstkranwagen RKW 7 Magirus-Aufbau 175 PS, Bj. 1953

Bild Nr. 409: Magirus-Deutz S 6500 Rüstkranwagen RKW 7 Magirus-Aufbau Vorbauseilwinde, Bj. 1955

Bild Nr. 410: Magirus-Deutz 195 Jupiter A Rüstkranwagen RKW 10 Magirus-Aufbau, Bj. 1960

Bild Nr. 411: Magirus-Deutz S 3500 Hilfsrüstkranwagen Magirus-Aufbau 85 PS, Bj. 1955

tige Zeit überlebt haben. Der 2. Weltkrieg unterbrach die Weiterentwicklung dieser Fahrzeugtypen, obwohl in der Reihe der typisierten Fahrzeuge ein Großer Rüstkraftwagen (GRK) vorgesehen war. Infolge der Kriegsereignisse konnte dieser Typ aber nicht mehr gebaut werden.

Magirus-Deutz konstruierte 1950 den ersten in kleiner Serie nach dem Krieg gebauten RKW, der anläßlich der Frankfurter Automobilausstellung 1951 vorgestellt wurde. Das Fahrzeug, auf einem KHD S 6000-Fahrgestell, verfügte gegenüber den Vorkriegsentwicklungen nunmehr über eine um 360° drehbare, in der Höhe verstellbare und auch per Fernbedienung zu betätigende Krananlage von 7 t Tragkraft und war in der sog. ,,Omnibusbauart'' ausgeführt. Schwere Rollenspindeln gestatteten ein Verfahren mit angehängter voller Last, ein Fall, der bei Bergungen von Straßenböschungen, Brücken usw. häufig vorkam. Der Antrieb der Kranbewegungen erfolgte elektromotorisch, welcher noch über ein Jahrzehnt, bis zur Serienreife der Hydraulikantriebe, bei Kranfahrzeugen üblich sein sollte. Die Fahrzeuge wurden teilweise mit einer dem Kühler vorgelagerten Seilwinde geliefert. Aufgrund des hohen Fahrzeuggewichts von ca. 15 t mußte sich die Geräteausstattung auf die Unterbringung derjenigen Teile beschränken, die für den Kranbetrieb unmittelbar notwendig waren. Beim Nachfolgemodell auf dem schweren KHD S 6500-Rundhauberfahrgestell, dessen 8-Zylindermotor 175 PS leistete, wurde der omnibusähnliche Aufbau beibehalten. Nahezu unverändert bis Anfang der 60er Jahre weitergebaut, wurde die Leistung der Krananlage später auf 10 t angehoben, da die Leistung der 7 t-Anlage bei den immer schwerer werdenden Bergeobjekten oftmals an der Belastungsgrenze angelangt war.

Die Firma Metz, die besonders eng mit Daimler-Benz zusammenarbeitete, baute Anfang der 50er Jahre ebenfalls Rüstkranwagen in kleinen Stückzahlen auf das schwere Daimler-Benz L 6600-Fahrgestell mit 145 PS Leistung auf. Im Gegensatz zum Magirus-Deutz, war das Metz-Modell anfangs mit einem Trupp-Führerhaus, abgesetztem Geräteaufbau und einer 10 t-Krananlage, ausgebildet. Spätere Ausführungen wurden — wie bei Magirus — mit einem Staffelführerhaus geliefert. Vereinzelt lieferte Metz aber auch RKW auf Fahrgestellen anderer Lastwagenmarken, wie der MAN auf Bild 412 dokumentiert. Das Fahrzeug war bei der BF Nürnberg im Dienst. Ein großer Teil der von beiden Aufbauherstellern produzierten RKW wurde exportiert.

Bild Nr. 412: MAN 758 L 1 Rüstkranwagen RKW 10 Metz-Aufbau 155 PS 10644 ccm 8 Zylinder, Bj. 1955

Bild Nr. 413: Daimler-Benz LAKo 326/52 Kranwagen KW 12 192 PS Metz-Aufbau, Bj. 1958

1955 entstand eine offensichtlich nur für das Saarland bestimmte Sonderserie in Form des Hilfsrüst-Kranwagens (HRKW). Dieser wurden auf das KHD S 3500-Fahrgestell mit 85 PS-Motor von Magirus aufgebaut und verfügte neben verschiedenen Geräten über einen Klappkran an der Fahrzeugrückwand mit nur 2 t Hebekraft, kaum ausreichend zur Bergung eines PKW bei Verkehrsunfällen. Von dieser Serie befanden sich aber bis in jüngster Zeit noch überraschend viele Fahrzeuge im Dienst.

Nachdem Anfang der 60er Jahre schwere Kranwagen in die Fahrzeugbestände großer Wehren Einzug hielten, ließ die Nachfrage nach Rüstkranwagen langsam nach. Magirus Deutz baute zwar bis ca. 1965 noch einige Exemplare auf schwere Eckhauberfahrgestelle (F Jupiter A) mit nahezu vom Vormodell übernommenen Aufbauten, aber mit dem Erscheinen leistungsstärkerer Feuerwehr-Kranwagen wie KW 15 und 16 (1956 und 1961) war kein Markt mehr für diese Fahrzeuge vorhanden.

Spezielle Kranwagen für die Feuerwehren kamen erst in den 50er Jahren auf. Neben einigen wenigen Einzelstücken, die Metz auf entsprechende Daimler-Benz-Fahrgestelle baute, waren es vor allem KW 15 bzw. 16 auf Magirus-Uranus-Fahrgestellen, die ab Mitte der 50er Jahre bei den Wehren eine gewisse Bedeutung erlangten. Die meisten RKW und KW dieser Epoche sind mittlerweile ausgesondert, da die in der Unterhaltung recht teuren durch neue, leistungsstärkere Fahrzeuge ersetzt werden konnten.

Bild Nr. 414: Daimler-Benz LA 331/46 Kranwagen KW 10, Bj. 1959

Bild Nr. 415: Daimler-Benz L 3500/42 TroLF 400 Total-Aufbau (ex. Lkw), Bj. 1951

5.10. Trockenlösch-, Trockentanklöschfahrzeuge, Schaummitteltransporter und Sonderlöschfahrzeuge der Industrie

Trockenlöschfahrzeuge (TroLF, oder früher aus als PLF — Pulverlöschfahrzeug — bezeichnet) verwenden das Löschmittel Pulver, das in der heutigen Zeit bei der Brandbekämpfung immer häufiger, besonders bei brennenden Flüssigkeiten und Gasen sowie bei Flugzeugbränden, benötigt wird. Neben den genormten Typen TroLF 500, 750 und 1500 wurden, besonders für die Industrie, auch Trockenlöschfahrzeuge mit größeren Löschpulvervorräten geliefert. In dieser Gruppe hatte sich das TroLF 2250 als günstige Version — mit 3 Kesseln zu je 750 kg Löschpulver — herausgebildet. Trockenlöschfahrzeuge wurden entweder mit Straßen-, als auch mit Allradantrieb hergestellt. Oftmals entstanden diese Löschfahrzeuge auch auf normalen Lkws durch nachträglichen Umbau.

Bild Nr. 416: Daimler-Benz L 311/42 TroLF 2250 Total-Aufbau, Bj. 1957

Bild Nr. 417: Magirus-Deutz F 125 Mercur TroLF 2250 Magirus/Total-Aufbau, Bj. 1961

Bild Nr. 418: Magirus-Deutz F 125 Mercur TroLF 2250 Magirus/Total-Aufbau, Bj. 1960

Marktführer für diese speziellen Aufbauten waren und sind die Firmen Total und Minimax.

Als typisches Beispiel für einen Umbau aus einem Lkw durch die Firma Total ist das Fahrzeug auf Abbildung 415 anzusehen. Das TroLF ist mit einem Kessel von 400 kg Löschpulver bestückt und verfügt außerdem über 18 Flaschen à 30 kg CO_2. Das Daimler-Benz-Fahrgestell wurde 1951 gebaut und das Löschfahrzeug befand sich bei der Werkfeuerwehr einer Schachtanlage der Bergbau AG Niederrhein im Einsatz.

Ein typisches TroLF 2250, das im Dienst einer Raffinerie stand, ist auf Bild 416 zu sehen. Der von Total aufgebaute Wagen wurde 1957 ausgeliefert. Auf den folgenden beiden Abbildungen befindet sich das Gegenstück von Magirus-Deutz, das ebenfalls von Total aufgerüstete und in recht großen Stückzahlen

Bild Nr. 419: Magirus-Deutz F 125 Mercur TroLF 750, Bj. 1958

Bild Nr. 420: Magirus-Deutz F 125 Mercur TroLF 1500 Magirus/Total-Aufbau, Bj. 1963

Bild 423 — ein Büssing-NAG 5000 S als TroLF 2500 mit Total-Aufbau, der 1962 erfolgte. Das Fahrgestell stammt von 1948 und der damalige Verwendungszweck war nicht mehr einwandfrei zu erfahren.

Ein vielseitiges Kombinationsfahrzeug ist das Trockentanklöschfahrzeug TroTLF, das die Möglichkeit besitzt, entweder mit Schaum oder mit Wasser zu löschen, oder beide Mittel gleichzeitig einzusetzen. Fahrzeuge dieser Art besitzen eine Feuerlöschpumpe FP 16/8, sowie einen Löschwasserbehälter anfänglich von 1500 l (ab 1960 1800 l) und eine Pulverlöschanlage 750 kg Inhalts. Diese Fahrzeuge, die von verschiedenen Aufbauherstellern auf unterschiedliche Fahrgestelle aufgebaut wurden, bezeichnet man als TroTLF 16. Diese Fahrzeuge gewannen erst Ende der 50er Jahre an Bedeutung. Nachfolgend sollen zwei Exemplare von Magirus-Deutz vorgestellt gebaute TroLF 2250 auf dem F 125 Mercur-Fahrgestell. Während das Fahrzeug auf Bild 417 bei einer Raffinerie im Einsatzdienst stand, war der darunter abgebildete Wagen bereits in Diensten einer freiwilligen Feuerwehr. Ein weiteres Fahrzeug, das zum Zeitpunkt der Aufnahme bereits bei einer freiwilligen Feuerwehr im Dienst stand, ist das TroLF 750, das 1958 an die Werkfeuerwehr Esso, Köln geliefert wurde und auf Bild 419 zu sehen ist.

Der Daimler-Benz auf der Abbildung 421 weist als Besonderheit eine Vorbaupumpe FP 16/8 auf und wurde bereits 1953 von Metz in Zusammenarbeit mit Total aufgebaut. Etwas ganz außergewöhnliches befindet sich auf

Bild Nr. 421: Daimler-Benz LF 3500/42 TroLF 1500 Metz-Aufbau mit Vorbaupumpe FP 16/8, Bj. 1953

Bild Nr. 422: Daimler-Benz L 312/42 TroLF 2000 (ex. Lkw) Total-Aufbau Umbau 1967, Bj. 1961

werden. Sie wurden anfänglich als TROWA bezeichnet. Bild 425 ist das von Magirus/Total 1958 entwickelte Vorführfahrzeug, das noch 1985 bei einer Werkfeuerwehr im Dienst stand. Der Wagen auf Bild 424 wurde 1962 an die FF Gütersloh geliefert und stand 1983 bei der Werkfeuerwehr Mohndruck im Einsatz. Als Besonderheit weist dieses Fahrzeug Straßenantrieb aus, der bei den TROWA von Magirus nur in wenigen Fällen üblich war.

Spezielle Industrie- und Raffinerielöschfahrzeuge befinden sich auf der Seite 140. Es handelt sich entweder um Zumischerlöschfahrzeuge (ZLF), deren Schaummittelinhalt über die Zumischeranlage mit Löschwasser vermengt und zu Luftschaum verarbeitet wird, oder um Sonderlöschmittelfahrzeuge, die mit den Löschmitteln Schaum und Pulver ausgestattet sind.

Bild Nr. 423: Büssing-NAG 5000 S TroLF 2500 Total-Aufbau Umbau 1962 10600 kg Gesamtgewicht, Bj. 1948

Bild Nr. 424: Magirus-Deutz F 125 Mercur TroTLF 16 Magirus/Total-Aufbau, Bj. 1962

Die folgende Seite 141 zeigt in bunter Folge Schaumwasserwerfer, Sonderlöschmittelfahrzeuge und Schaummitteltransporter. Einige dieser Fahrzeuge sind durch Umbauten entstanden, wie der Schaumwasserwerfer (Bild 431) aus einem TLF 16 und die Fahrzeuge der Abbildungen 436 und 438 aus Lastkraftwagen.

Zum Abschluß dieses Kapitels noch einige Worte zu dem Henschel HS 100 K auf Bild 439. Auf dem Fahrgestell eines 1958 gebauten Kippers entstand ein SLF 50 (Inhalt Tutogen) unter Verwendung eines Kunstharztanks. Das in Eigenregie aufgebaute Fahrzeug steht bei einer Werkfeuerwehr im Einsatz.

Bild Nr. 425: Magirus-Deutz F 125 Mercur TroTLF 16 Magirus/Total-Aufbau, Bj. 1958

Bild Nr. 426: Magirus-Deutz F Jupiter ZLF 24/52 (Tutogen L) Magirus-Aufbau, Bj. 1963

Bild Nr. 427: Magirus-Deutz F Jupiter ZLF 24/62 Magirus-Aufbau, Bj. 1962

Bild Nr. 428: Magirus-Deutz F Jupiter SLF 24/50 (Tutogen) Werfer vorn 2400 l, hinten 1600 l Magirus-Aufbau, Bj. 1962

Bild Nr. 429: Daimler-Benz-LPF 315/42 SLF 32 Metz-Aufbau 145 PS, 8276 ccm 15000 kg Gesamtgewicht, Bj. 1957

Bild Nr. 430: Daimler-Benz L 312/42 STLF 1500 l Wasser 320 kg Schaum (ex Lkw) Metz-Umbau 1966, Bj. 1960

Bild Nr. 431: Magirus-Deutz F 125 Mercur Schaumwasserwerfer (ex. TLF 16) Werfer 3200 l/min Magirus-Aufbau, Bj. 1956

Bild Nr. 432: Magirus-Deutz S 3500 STLF 3000 l Wasser, 2000 l Schaum Pennock-Aufbau, Bj. 1952

Bild Nr. 433: Büssing 5500 STLF 5400 l (Protein) 12250 kg Gesamtgewicht Schörling-Aufbau, Bj. 1952

Bild Nr. 434: Daimler-Benz LKo 325/46 SLF 2400 Titgemeier-Aufbau (ex. DL 30), Bj. 1957

Bild Nr. 435: Ford FK 4500 Schaummitteltransporter Eigenumbau (ex. Lkw), Bj. 1957

Bild Nr. 436: Daimler-Benz L 312/42 SLF 3000 Eigenumbau (ex. Lkw) 90 PS, 8100 kg Gesamtgewicht, Bj. 1955

Bild Nr. 437: Borgward B 611 GW-Schaum, Bj. 1961

Bild Nr. 438: Daimler-Benz L 311/42 SLF 1600 Schaum/Protein Kroll-Aufbau 1966 (ex. Lkw), Bj. 1957

Bild Nr. 439: Henschel HS 100 K SLF 50 (Tutogen) mit TS 16/8 105 PS, 5429 ccm ex Kipper (Eigenumbau), Bj. 1958

Bild Nr. 440: Daimler-Benz L 3500/42 Schaummitteltransporter 3500 l, Strüver-Aufbau (ex Tankwagen), Bj. 1953

5.11. Wasserzubringer-fahrzeuge

Wasserzubringerfahrzeuge der Feuerwehren, oder — vereinfacht ausgedrückt — Wassertankwagen, dienen dazu, größere Wassermengen an Brandstätten ohne oder mit nur ungenügender örtlicher Wasserversorgung zu transportieren bzw. im Pendelverkehr für ausreichenden Wassernachschub zu sorgen. Dieser Fall kann bei umfangreichen Fahrzeugbränden z.B. auf Autobahnen oder bei Flächenbränden (Wald, Heide usw.) im Gelände eintreten. Diese Fahrzeuge befördern Wassermengen, die zumeist über das Fassungsvermögen der ,,normalen'' Tanklöschfahrzeuge hinausgehen.

Spezielle Konstruktionen von Feuerwehraufbaufirmen gab es kaum auf diesem Gebiet. Deshalb wurden vielfach gebrauchte Fahrzeuge aus anderen Bereich zu Tankfahrzeugen umgerüstet. Diese Methode war wesentlich preiswerter als die Beschaffung eines neuen Fahrzeugs und erfüllte meistens den gleichen Zweck. Man bevorzugte in der Regel Fahrzeuge, die schon einen Tankaufbau hatten, da in diesen Fällen der Umbauaufwand gering gehalten werden konnte.

Zum Umbau eigneten sich besonders ehemalige Kraftstoff-, Heizöl- oder Milchtankfahrzeuge, Straßensprengwagen aus dem Kommunalbereich, Bundeswehr- und Polizeifahrzeuge (Wasserwerfer), oder auch Feuerwehrfahrzeuge, die in ihrem ursprünglichen Verwendungsbereich infolge Überalterung nicht mehr eingesetzt werden konnten. Auf einige dieser Fahrzeuge war bereits in früheren Kapiteln eingegangen worden.

Vielfach werden diese Fahrzeuge mit einer Feuerlöschkreiselpumpe unterschiedlicher Leistung versehen. Wassertankwagen der Feuerwehren sind an keine Normbestimmungen gebunden. Deshalb haben die Wehren freie Hand in der Gestaltung und Ausrüstung dieser Fahrzeuge. Ob ein zusätzliches Wassertransportfahrzeug von einer Feuerwehr angeschafft wird, hängt im wesentlichen von den örtlichen Einsatzbedingungen ab, die berücksichtigt werden müssen (z.B. Autobahnnähe).

Bild Nr. 441: Krupp Büffel Wassertankwagen 5500 l 110 PS 4332 ccm 3 Zylinder 2 Takt Diesel Schörling-Aufbau, Bj. 1954

Bild Nr. 442: Daimler-Benz LS 330/36 Sattelschlepper 145 PS mit Eylert 12000 l-Tankauflieger v. 1950, Bj. 1959

Bild Nr. 443: Henschel HS 140 Tankwagen 8000 l, Bj. 1951

Nachstehend einige Anmerkungen zu den abgebildeten Fahrzeugen. Ganz selten war der Krupp Büffel von 1954 (Bild 441), der bis ca. 1982 bei der FF Lünen im Dienst stand. Das Fahrzeug mit einem Wasserinhalt von 5500 l war ein ehemaliger Straßensprengwagen der Stadtverwaltung und wurde von der Firma Schörling — Spezialaufbaufirma für Kommunalfahrzeuge — aufgebaut. Mit einer Wasserkanone versehen, leistete das Fahrzeug gute Dineste. Das Fahrzeug wurde zum Glück von einem Sammler erworben und ist nun ab und an auf Fahrzeugtreffen zu sehen.

Bild Nr. 444: Magirus-Deutz F 125 Mercur A Tankwagen 4000 l ex. TLF 16 — Magirus-Aufbau) Eigenumbau, Bj. 1958

Die restlichen drei Abbildungen dieses Kapitels zeigen Fahrzeuge unterschiedlicher Herkunft. Bild 444, ursprünglich ein TLF 16, wurde unter Verwendung eines offenen Kunstharztanks in ein Wassertransportfahrzeug verwandelt. Hingegen war das Fahrzeug auf Bild 445 ein Straßensprengwagen mit einem Fassungsvermögen von 3500 l, der der Stadtverwaltung Bad Pyrmont gehörte. Das letzte Fahrzeug (Bild 446) war wiederum ein Benzintankfahrzeug mit 4800 l Inhalt, den eine saarländische Wehr als Wassertankwagen in Dienst stellte. Allgemein kann gesagt werden, daß die Bedeutung dieser Fahrzeuge mit dem Ausbau des Wasserversorgungsnetzes zurückging. In vielen Fällen reicht auch die Wassermenge der Tanklöschfahrzeuge schon aus, um den Bränden Herr zu werden.

Bild Nr. 445: Daimler-Benz L 3500/36 Tankwagen 3500 l (ex. Straßenreinigungsfahrzeug) Eigenumbau, Bj. 1952

Ein regelrechtes Großtanklöschfahrzeug (GTLF) war der Daimler-Benz LS 330/36 von 1959 mit einem 12000 l Eylert-Tankauflieger von 1950 (Bild 442). Der ehemalige Benzintankwagen stand bis vor einigen Jahren bei der BF Offenbach im Einsatz.

Auf unseren Straßen nirgendwo mehr anzutreffen war auch der ehemalige Henschel HS 140 — Tankwagen mit Anhänger, den die Abbildung 443 zeigt. Das vor einiger Zeit ausgemusterte Fahrzeug ging ebenfalls in Privatbesitz über.

Bild Nr. 446: Magirus-Deutz S 3500 Tankwagen 4800 l Wassenberg-Neuss Aufbau Eigenumbau, Bj. 1956

Bild Nr. 447: Unimog-Schlauchwagen 900 Eigenumbau 1966, Bj. 1955

Bild Nr. 448: MAN 515 L 1 Schlauchwagen SW 2000 Eigenumbau ex. Lkw 115 PS 7983 ccm, Bj. 1955

Bild Nr. 449: Daimler-Benz LAF 3500/42 Schlauchwagen SW 2000, Bj. 1955

5.12. Schlauchwagen

Schlauchwagen haben die Aufgabe, bei Großeinsätzen, die über die von den anderen Fahrzeugen mitgeführten Bestände zusätzlich benötigten Schlauchmengen bereitzustellen und bei abseits der Wasserversorgung liegenden Einsatzorten durch Legen von Schlauchleitungen den Anschluß an das Wassernetz zu bewirken.

Bis Mitte der 30er Jahre wurden nur wenige Schlauchwagen, vornehmlich für die Überland-Löschhilfe, in Dienst gestellt.

Wie bereits an früherer Stelle geschildert, mußten für die Aufgaben des Luftschutzes spezielle Fahrzeuge entwickelt werden. Die großen Schlauchmengen der Fahrzeuge waren so gestaut, daß die Schlauchleitung bei langsamer Fahrt gelegt werden konnte. Spezialgeräte mit dem behelfsmäßige Reparaturen an Schläuchen vorgenommen werden konnten, wurden ebenfalls mitgeführt, wie auch weitere Ausrüstungsgegenstände wie Saugschläuche und Rüstgeräte.

Nur zögernd setzte nach dem Krieg die Nachfrage nach neuen Schlauchwagen ein, da sich noch viele Fahrzeuge der Kriegsgeneration im Dienst befanden. Auch war die Beschaffung anderer Löschfahrzeugtypen, z.B. von Tanklöschfahrzeugtypen, im Augenblick dringlicher. Einige wenige Schlauchwagen wurden von Metz auf Daimler-Benz L 3500/L311 — Fahrgestellen überwiegend als SW 2000 (Bild 449) und von Magirus-Deutz, möglicherweise auch von anderen Aufbauherstellern gefertigt. Spätere Beschaffungen auf neueren Fahrgestellen sollen nicht mehr Gegenstand dieses Buches sein.

Die sprichwörtliche Improvisationskunst der Feuerwehren kam auch bei einigen in Eigenregie umgebauten Schlauchwagen wieder zum Tragen. Bild 448 zeigt einen MAN 515 L 1, einen ehemaligen Lkw, den die FF Velbert zu einem SW 2000 umbaute. Der in Österreich beheimatete Unimog auf Bild 447 führt neben einigen wenigen Geräten auch 900 m Schlauchmaterial mit, die während der Fahrt verlegt werden können.

5.13. Flugplatzlöschfahrzeuge

Anlaß für die Entwicklung dieser speziellen Löschfahrzeugtypen war die Tatsache, daß die Luftwaffe ab Mitte der 30er Jahre für den Einsatz auf Militärflugplätzen solche Fahrzeuge benötigte. Diese Fahrzeuge wurden in früheren Kapiteln bereits erwähnt.

Erst nach dem Kriege nahm die Verkehrsluftfahrt einen gewaltigen Aufschwung, der die Entwicklung neuer, leistungsfähigerer Fahrzeugtypen auch für den Zivileinsatz erforderlich machte.

Flugplatzlöschfahrzeuge haben die Aufgabe, größtmögliche Mengen Wasser und Schaum in kürzester Zeit auf in Brand geratene Objekte zu schleudern. Da zumeist Kraftstoffbrände bruchgelandeter Flugzeuge auch abseits von Start- u. Landebahnen im Gelände mit entsprechend hoher Explosionsgefahr zu bekämpfen sind und Menschenleben (Passagiere und Besatzung) sich dann in höchster Gefahr befinden, kommt es hier — mehr noch als bei der Bekämpfung herkömmlicher Brände — besonders auf Schnelligkeit an. Allradantrieb ist deshalb für diese Fahrzeuge zwingend vorgeschrieben.

Es wurden FLF 25, auch als „Flugplatzvorausfahrzeuge" bezeichnet, entwickelt, die neben einem Löschwassertank von 2000 l mit 200 l Schaum und einer Feuerlösch-Kreiselpumpe FP 25/8 ausgerüstet waren. Sie besaßen Schnellangriffseinrichtungen mit jeweils 30 m Schlauch auf beiden Fahrzeugseiten und eine Zumischeranlage. Auf dem Fahrzeugdach befand sich ein Wendestrahlrohr für Wasser und Schaum, sodaß im Bedarfsfalle auch vom fahrenden Fahrzeug aus gelöscht werden konnte. Das Löschfahrzeug konnte z.B. auch neben einer bauchlandenden Maschine herfahren und es mit Löschschaum zudecken, um die durch Funken oder Reibungshitze entstehende Brandgefahr einzudämmen. Bodenspritzdüsen zum Nässen großer Flächen und eine Sprengeinrichtung vervollständigten die Ausrüstung dieser Spezialfahrzeuge.

Metz und Magirus fertigten die Aufbauten der überwiegend auf Daimler-Benz LA 3500/LA 311 und Magirus S 3500 A bzw. 125 Mercur A — Fahrgestellen aufgebauten Fahrzeuge.

Neben diesem ausführlich beschriebenen Typ gab es noch Trockenpulver-Löschfahrzeuge PLF (oder TroLF) 1500. Die Anlage bestand aus zwei Behältern mit jeweils 750 kg Inhalt. Bei der Größe der damaligen Flugzeuge war diese Menge zur erfolgreichen Brandbekämpfung meist ausreichend. Zu den Standardtypen der Flughäfen gehörte auch das Zubringerlöschfahrzeug ZB 6, das mit einem Wasservorrat von 5500 l und 500 l Schaummittel und einer FP 24/8 ausgerüstet war. Die sonstige Ausstattung dieser auf Magirus S 6500 A (bzw. Jupiter A) aufgebauten Fahrzeuge entsprach in etwa der des FLF 25. Die Fahrzeuge hatten ein Gesamtgewicht von 15 000 kg. Einige wenige von Magirus gefertigte und vor allem für den Export bestimmte Flugplatz-Großlöschfahrzeuge FLF 25 S, die als Sattelschlepper ausgebildet waren, bewährten sich nicht sonderlich, da sie im Gelände zu schwer und unbeweglich waren.

Heute wären die Löschfahrzeuge der 50er Jahre den wesentlich gestiegenen Anforderungen auf großen Verkehrsflughäfen nicht mehr gewachsen. Die Fahrzeuge wurden entweder an kleinere Flugplatzwehren oder an freiwillige Feuerwehren (besonders Niedersachsens) verkauft, oder dienen noch heute vereinzelt als Reservefahrzeuge.

Bild Nr. 450: Daimler-Benz LAF 3500/42 FLF 28/40 Metz-Aufbau (Truppführerhaus) (ex. Flughafen Zürich-Klothen), Bj. 1951

Bild Nr. 451: Daimler-Benz LAF 311/42 FLF 25 Metz-Aufbau, Bj. 1955

Bild Nr. 452: Magirus-Deutz F 125 Mercur A FLF 24 Magirus-Aufbau, Bj. 1962

Bild Nr. 453: Magirus-Deutz F Jupiter A Zubringerlöschfahrzeug ZB 6 Magirus-Aufbau, Bj. 1961

Bild Nr. 454: Magirus-Deutz S 6500 A ZB 5/25 Magirus-Aufbau, Bj. 1955

Bild Nr. 455: Magirus-Deutz F Jupiter A TLF 24/50 (ZB 6) FP 24/8 15000 kg Gesamtgewicht Magirus-Aufbau, Bj. 1961

5.14. Sonstige Fahrzeuge und Lastkraftwagen

Die Feuerwehren, schon immer bekannt für besondere Fähigkeiten und Improvisationsgabe beim Umbau von Fahrzeugen, rüsteten manches Lösch- oder Fremdfahrzeug für andere Verwendungszwecke oftmals in Eigenleistung um. In diesem Kapitel sollen einige umgebaute Fahrzeuge vorgestellt werden, die in den anderen Abschnitten thematisch nicht untergebracht werden konnten. Ein außergewöhnliches Fahrzeug im Feuerwehrdienst ist der seltene Büssing LU 7 auf Bild 456. Dieses ehemalige Postfahrzeug versieht nach entsprechenden Umbauten als fahrbares Notstromaggregat bei einer Werkfeuerwehr seinen Dienst. Der Siemens-Generator hat eine Leistung von 100 KVA und das Fahrzeug ein Gesamtgewicht von 12 t. Die zur FF. Neukirchen/Siegerland gehörende Löschgruppe Salchendorf baute sich 1957 ihr Feuerwehrauto selbst auf (Bild 457). Es handelt sich um einen Unimog, der mit einer Vorbaupumpe FP 8/8 und beidseitig angeordneten Sitzbänken in Längsrichtung versehen wurde. Die Mannschaft — das Fahrzeug konnte eine Löschgruppe aufnehmen — war allerdings zum größten Teil ungeschützt Wind und Wetter ausgesetzt. Dieses extrem geländegängige Fahrzeug erfüllte aber seinen Zweck und wurde erst vor kurzer Zeit aus dem Dienst gezogen. Im Bedarfsfalle diente der Unimog als Zugfahrzeug für eine große einachsige Schlauchhaspel, da Schlauchmaterial beim besten Willen im Fahrzeug nicht untergebracht werden konnte.

Mit Sicherheit ein Einzelstück ist auch das Fahrzeug auf Bild 458 der FF Ennigerloh. Aus dem ausgedienten Transportfahrzeug einer Zwiebackfabrik entstand ein Küchenwagen, dessen Kofferaufbau ausreichend Raum für die umfangreiche Ausrüstung bot.

Für eine Quizfrage könnte man das Fahrzeug auf der Abbildung 463 verwenden, denn es

Bild Nr. 456: Büssing LU 7 Notstromaggregatwagen Siemens 100 KVA, 12000 kg Gesamtgewicht 145 PS 7099 ccm, Bj. 1958

Bild Nr. 457: Unimog Löschfahrzeug mit FP 8/8 25 PS 1767 ccm, Umbau 1957, Bj. 1955

Bild Nr. 458: Daimler-Benz LP 328/42 Küchenwagen Eigenumbau (ex. Fahrzeug der Fa. Brandt-Zwieback), Bj. 1963

Bild Nr. 459: Daimler-Benz LF 325/46 Lkw (Eigenumbau) (ex. DL 30/Metz-Aufbau) 125 PS 7474 ccm, Bj. 1956

Bild Nr. 460: Daimler-Benz LKo 311/36 Lkw, Bj. 1956

Bild Nr. 461: Opel-Blitz 1,75 t Lkw Eigenumbau (ex. LF 8/Metz-Aufbau), Bj. 1953

Bild Nr. 462: Ford FK 4000 Lkw, Bj. 1954

Bild Nr. 463: Daimler-Benz 170 D Löschfahrzeug Eigenumbau (ex. Kombiwagen) FP 8/8, Bj. 1952

zeigt praktisch keinerlei Ähnlichkeit mit dem Zustand vor dem Umbau. Ein ausgedienter Daimler-Benz 170 D Kombi wurde bis auf Chassis und Motor völlig neu in Eigenleistung als Löschfahrzeug umgebaut. Dieses natürlich in keiner Norm enthaltene Fahrzeug verfügt über eine Vorbaupumpe FP 8/8 sowie über verschiedene feuerwehrtechnische Ausrüstungsgegenstände und Mannschaftssitze unter der Plane. Diesen Feuerwehrwagen möchte ich fast als das ungewöhnlichste Gefährt bezeichnen, daß ich bisher vor die Linse bekam. Das soll aber keineswegs eine Abwertung sein! Der Wagen ist voll einsatzfähig und erfüllt den ihm zugedachten Zweck.

Für vielfältige Transportaufgaben fanden auch handelsübliche Lastkraftwagen im Feuerwehrbereich Verwendung. Entweder wurden neue oder gebrauchte Lastkraftwagen er-

Bild Nr. 464:Magirus-Deutz F 125 Mercur A Lkw Eigenumbau (ex. TLF 16/Magirus-Aufbau), Bj. 1956

Bild Nr. 465: Magirus-Deutz 90 L Sirius Lkw, Bj. 1961

worben oder, um die Anschaffungskosten zu sparen, des öfteren ausgediente Feuerwehrfahrzeuge aller Art nach Umbau diesen neuen Verwendungszwecken zugeführt. Der Lkw mit Staffelkabine auf Bild 459 entstand aus einer DL 30, während der Opel-Blitz darunter (Bild 461) ein LF 8 mit Metz-Aufbau war. Die Lastwagen der Bilder 464 u. 466 wurden aus TLF 15/16, deren Geräteaufbauten entfernt wurden, aufgebaut. Die übrigen abgebildeten Lastkraftwagen sind Serienmodelle. Lediglich der äußerst seltene Ford FK 4000 (Bild 462) soll besonders herausgehoben werden. Von diesem Lastwagentyp wurden nur geringe Stückzahlen gefertigt. Umso mehr überraschte es, daß ein solches Fahrzeug noch bis vor kurzem bei der FF Schwabach im Einsatzbestand anzutreffen war. Der mittlerweile ausgesonderte Wagen befindet sich nun in Sammlerhand.

Bild Nr. 466: Magirus-Deutz S 3500 Lkw/MTW Eigenumbau (ex. TLF 15/Magirus-Aufbau), Bj. 1953

Abkürzungsverzeichnis

LLG	Leichtes Löschgruppenfahrzeug (LF 8)
SLG	Schweres Löschgruppenfahrzeug (LF 15)
GLG	Großes Löschgruppenfahrzeug (LF 25)
LDL	Leichte Drehleiter (DL 17)
SDL	Schwere Drehleiter (DL 22)
GDL	Große Drehleiter (DL 32)
KzS	Kraftzugspritze
KS	Kraftfahrspritze
Flks	Fliegerkraftspritze
TS	Tragkraftspritze
TSA	Tragkraftspritzenanhänger
LF 8	Löschgruppenfahrzeug mit FP 8/8
LF 15	Löschgruppenfahrzeug mit FP 15/8
LF 16	Löschgruppenfahrzeug mit FP 16/8
LF 16-TS	Löschgruppenfahrzeug mit FP 16/8 u. eingeschob. Tragkraftspritze
LF 25	Löschgruppenfahrzeug mit FP 25/8
TLF 8	Tanklöschfahrzeug mit FP 8/8
TLF 15	Tanklöschfahrzeug mit FP 15/8
TLF 16	Tanklöschfahrzeug mit FP 16/8
TLF 16-T	Tanklöschfahrzeug mit FP 16/8 u. Truppbesatzung
TSF	Tragkraftspritzenfahrzeug
TSF(T)	Tragkraftspritzenfahrzeug m. Truppbesatzung
TroLF	Trockenlöschfahrzeug (verschiedene Baugrößen)
TroTLF 16	Trockentanklöschfahrzeug mit FP 16/8
ZB	Zubringerlöschfahrzeug
GTLF	Großtanklöschfahrzeug
ZLF	Zumischerlöschfahrzeug
FLF	Flugplatzlöschfahrzeug
DL	Drehleiter (verschiedene Auszugslängen) Zusatz „m" — mechanischer Antrieb Zusatz „h" — hydraulischer Antrieb
STLF	Sondertanklöschfahrzeug
SLF	Schaumlöschfahrzeug
GW	Gerätewagen (verschiedene Baugrößen)
GW-A	Gerätewagen-Atemschutz
GW-W	Gerätewagen-Wasserrettung
GW-Öl	Gerätewagen-Ölbeseitigung
RKW	Rüstkranwagen
KW	Kranwagen
MTW	Mannschaftstransportwagen
LKW	Lastkraftwagen
SW	Schlauchwagen (verschiedene Baugrößen)
ELW	Einsatzleitwagen
TLFA	Tanklöschfahrzeug mit Allradantrieb (Österreich)
LLF	Leichtes Löschfahrzeug (Österreich)
KLF	Kleinlöschfahrzeug
FF	Freiwillige Feuerwehr
BF	Berufsfeuerwehr
WF	Werkfeuerwehr